高等职业教育"十三五"规划教材

（数字媒体技术专业核心课程群）

数字图像编辑制作

张立里　夏丽雯　编著

吴振峰　主审

U0194623

中国水利水电出版社
www.waterpub.com.cn

·北京·

内 容 提 要

本书总结了作者多年平面设计实践与教学经验，将艺术与技术、理论与实践有机结合。以典型的平面设计类型为主线，通过边学边做的模式使读者在短时间内掌握运用 Photoshop 软件进行商业设计创意表达的方法和技巧。本书不仅在理论和实践两方面讲述不同设计作品的设计方法，更加入了传统设计领域中平面构成、颜色构成方面的理论知识，同时增加了产品设计二维表达中的光影关系和材质表现的原理。将设计理论与 Photoshop 技术进行了完美融合，以理论指导实例操作、以实例操作印证理论的形式，使读者在学习本书后不仅能在理论上了解、学习到设计理论的精髓，同时还能通过学习书中实例掌握 Photoshop 的相关技术理论，使阅读本书的读者不仅能在技术上得到提高，更能在实践操作中深刻理解设计构成在设计创意中如何更好地运用。

本书适合高职计算机多媒体技术专业师生使用，可供平面设计、数字媒体技术、动漫设计与制作、数字出版等专业参考，也可供从事高等职业教育的相关人员阅读、研究和参考。

本书配有教学和实训项目所需的图片素材，读者可以到中国水利水电出版社网站和万水书苑上免费下载，网址为 http://www.waterpub.com.cn/softdown/和 http://www.wsbookshow.com。

图书在版编目（C I P）数据

数字图像编辑制作 / 张立里，夏丽雯编著. -- 北京：
中国水利水电出版社，2017.9
  高等职业教育"十三五"规划教材. 数字媒体技术专
业核心课程群
  ISBN 978-7-5170-5810-6

  Ⅰ. ①数… Ⅱ. ①张… ②夏… Ⅲ. ①图象处理软件
－高等职业教育－教材 Ⅳ. ①TP391.413

中国版本图书馆CIP数据核字(2017)第212973号

策划编辑：周益丹　责任编辑：李 炎　加工编辑：白 璐　封面设计：李 佳

书　　名	高等职业教育"十三五"规划教材 （数字媒体技术专业核心课程群） **数字图像编辑制作 SHUZI TUXIANG BIANJI ZHIZUO**
作　　者	张立里　夏丽雯　编著 吴振峰　主审
出版发行	中国水利水电出版社 （北京市海淀区玉渊潭南路 1 号 D 座　100038） 网址：www.waterpub.com.cn E-mail：mchannel@263.net（万水） 　　　　sales@waterpub.com.cn 电话：（010）68367658（营销中心）、82562819（万水）
经　　售	全国各地新华书店和相关出版物销售网点
排　　版	北京万水电子信息有限公司
印　　刷	三河市鑫金马印装有限公司
规　　格	184mm×260mm　16 开本　16.5 印张　411 千字
版　　次	2017 年 9 月第 1 版　2017 年 9 月第 1 次印刷
印　　数	0001—3000 册
定　　价	34.00 元

前　　言

　　随着数字媒体艺术的普及发展，数字图像编辑技术在平面设计、影视广告、动画制作、装潢设计、建筑漫游、虚拟仿真、Internet 宽带视频等诸多领域得到广泛应用。为适应数字图像编辑应用的需求，我国许多高等职业院校中的数字媒体及相关专业都开设了"数字图像编辑制作"课程。与之对应的 Photoshop CS6 是 Adobe 公司推出的一款应用非常广泛的数字图像编辑软件，其功能非常强大，命令和参数相对较多，单独通过命令讲解很难做到融会贯通。近年来，我国职业教育蓬勃发展，对于职业教育方式的研究也逐渐深入。从教学方式、培养模式等方面都探索出了以工学结合的形式、以项目为导向的职业教育方法。职业教育的定位逐渐明确，但是与之对应的、符合职业教育教学需要的教材的研究和开发却未能及时跟进。目前高等职业院校所用教材存在部分陈旧，缺乏新意且不符合现在日益提高的职业能力需求的问题。有一部分未贴合职业教育改革的成果方法，无法配合以工作过程为导向的职业教学方法，使教材的使用流于形式。

　　目前，"数字图像编辑制作"课程教材版本繁多，一般是按 Photoshop 软件功能等逻辑来组织教学内容和安排章节顺序，对初学者而言，往往感觉难学、不会应用，即不符合学生的认知规律。近几年有部分学校采用案例法进行教学改革，虽然可以帮助学生理解知识和方法，但仍是偏重技术验证性的举例和实践，没有从职业能力与素质教育上有所创新和突破。市场上有部分教材已经逐渐开始关注职业院校学生所需的综合性的职业能力，在教授一般方法技能的同时，还增加了不少相关的扩展知识和技能；但是系统性不强，未能明确定位职业岗位和职业能力，致使教材编写过于松散，行笔游书，不成体系。

　　本书根据平面设计师的主要工作流程"设计需求分析、素材搜集整理、设计方案、项目制作输出"安排内容。本书在教学逻辑上，采取以真实项目为载体，按照项目设计制作工作流程将平面设计所需的设计知识、技能、素养融合在教学模块中。

　　项目任务分为以下 8 个模块：采集数字图形与图像模块、图像素材配色与加工模块、特效文字设计与制作模块、海报广告设计与制作模块、用户界面设计与制作模块、包装材质设计与制作模块、网页界面设计与配色模块、艺术插画与画册设计模块。

　　8 个模块包括技术和艺术两方面的知识。知识和技能都是由浅入深、循序渐进的，各模块的逻辑关系如下：

　　"模块 1"主要是熟悉软件工作环境和操作流程；"模块 2"是了解采集图形图像的处理方法，采集图像之后能够针对要求对图像进行配色和加工，这对于平面设计处理图像素材是最基本的技能；"模块 3"是掌握基本技能之后进一步学习简单的文字设计和编排。前 3 个模块是学习如何设计和处理平面设计所要求的基本图像和文字素材；"模块 4、模块 5、模块 6、模块 7"是提高岗位工作能力，通过由易到难，层层递进地学习平面设计中海报、界面、包装、网页等几大设计种类的设计与制作方法；"模块 8"是拓展岗位工作能力，综合使用前面所学知识，学习设计艺术插画和画册的方法，深化和巩固整本教材所学内容。每个模块都有相应的任务和知识点，综合学习技术与艺术两方面的知识，以循序渐进的方式使读者能够掌握岗位任务所需的基础知识和职业技能。

　　本书是国家骨干高等职业院校重点建设专业项目研究成果之一，由张立里、夏丽雯编著，吴振峰教授主审。在本书撰写过程中，吴振峰教授对本书的内容定位、模块结构、案例筛选、版式设计等方面进行了悉心指导和竭诚帮助，为本书的完成倾注了大量心血，我们在此表示由衷的感谢。

　　本书不仅适用于高等职业院校计算机多媒体技术、数字媒体技术、动漫设计与制作、数字出版等专业师生的教学和自学，也可为从事图像处理制作的人员阅读参考。

　　由于作者水平有限，疏漏之处在所难免，恳请专家和读者批评指正。

编　者

2017 年 5 月

目　　录

模块 1

采集数字图形与图像

工作情境

在现在的市场机制竞争下，很多商家都非常重视自我包装和商品的设计，需要相关的设计公司帮助设计公司形象、产品外观、产品包装、宣传资料等。小艺大学毕业后应聘进入一家设计公司从事设计师的工作，上班后的第一件事就是整理和熟悉她工作的必备软件。

解决方案

现在的平面设计主流软件是 Photoshop，这是 Adobe 公司旗下最为出名的图像处理软件之一。多数人对于 Photoshop 的了解仅限于"一个很好的图像编辑软件"，并不知道它的诸多应用方向。实际上，Photoshop 的应用领域很广泛，在图形、图像、文字、视频、出版等方面都有涉及。

本项目包含 Photoshop CS6 界面的设置和优化到简单功能的介绍，从使用者的角度考虑，设置了三个典型任务：认识 Photoshop CS6 软件、了解图像文件格式和采集数字图像资料，通过这三个项目的学习来了解 Photoshop CS6 这一软件的基本使用方法。

能力要求

通过本项目的知识学习和技能训练，要求具备以下能力：

（1）全面了解 Photoshop CS6 的界面，并能根据自己的需求设置界面；

（2）能认识 Photoshop CS6 的基本功能，并能根据要求选择合适的图文格式；

（3）了解基本工具的使用，能够使用图层做简单的混合操作；

（4）能够根据设计要求采集、绘制、调整简单图像。

任务 1.1　认识 Photoshop CS6 软件

任务要求

小艺初来乍到，公司将小艺安排给一位首席设计师做助手。首席设计师希望小艺尽快熟悉工作业务，要求她熟悉将来常用的几个设计软件，Photoshop CS6 就是其中之一。之前小艺使用的是 Photoshop CS4，所以她需要熟悉整个 Photoshop CS6 的操作界面，并且设置好适合她使用习惯的界面。

1.1.1　设置人性化的工作界面

任务描述

　　小艺进入设计公司从事设计助理的工作，第一步就是熟悉 Photoshop CS6 这个软件界面的基本操作方法，还有一部分快捷键的使用。这个对她以后提高工作效率有很大的帮助，并且还要学会根据自己的使用习惯设置和优化软件操作界面。

相关知识

　　Adobe Photoshop CS6 是 Adobe 公司旗下最为出名的图像处理软件之一，它是一款功能强大的制图工具，具有集图像编辑修改、图像制作、广告创意、图像输入与输出于一体的图形图像处理软件，深受广大平面设计人员和电脑美术爱好者的喜爱。

　　Adobe Photoshop CS6 是 Adobe Photoshop 的第 13 代，是一个较为重大的版本更新。Photoshop 在前几代加入了 GPU/OpenGL 加速、内容填充等新特性，此版本会加强 3D 图像编辑，采用新的暗色调用户界面，其他改进还有整合 Adobe 云服务、改进文件搜索等。

　　Photoshop CS6 相比前几个版本，不再支持 32 位的 Mac OS 平台，Mac 用户需要升级到 64 位环境才能使用这款软件。

实现方法

　　1. 开启 Photoshop CS6 后可以看到非常清爽的新界面，同以前的版本比较，Photoshop CS6 的工具栏等都有很大变化，如图 1.1.1.1 所示。

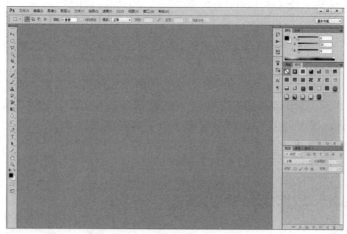

图 1.1.1.1　Photoshop CS6 新界面

Photoshop CS6 的界面分为五大部分：菜单栏、应用程序栏、工具栏、活动面板区、工作区。

菜单栏包括 Photoshop CS6 所有的功能，控制 Photoshop CS6 工具的设置、选择和显示，如图 1.1.1.2 所示。

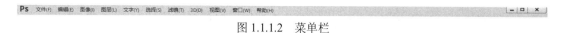

图 1.1.1.2　菜单栏

应用程序栏包含工作区切换器、常用视图工具、菜单（仅限 Windows 系统）和其他应用程序控件，如图 1.1.1.3 所示。

图 1.1.1.3　应用程序栏

工具栏包括了 Photoshop CS6 所有灵活使用的工具，方便对图像细节处做细微的修改。工具栏由选择移动工具组、绘制修饰工具组、矢量工具组、其他工具组和拾色器组成，如图 1.1.1.4 所示。

活动面板区是所有工具需要进行进一步设置参数的简单界面。活动面板可以根据使用工具的不同或使用需求的不同而增减、修改和移动。所有的活动面板都可以在软件界面上方的菜单栏中的"窗口"栏 中找到。活动面板区如图 1.1.1.5 所示。

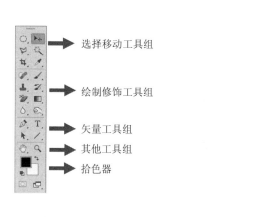

图 1.1.1.4　工具栏　　　　　　　　图 1.1.1.5　活动面板区

工作区是 Photoshop CS6 进行图像编辑和绘制的时候显示图片的区域，如图 1.1.1.6 所示。

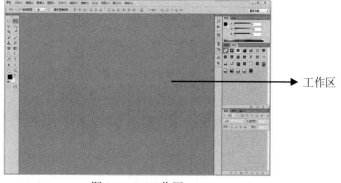

图 1.1.1.6　工作区

2. 工具栏和菜单栏中的内容是基本不变的，也可根据操作者的喜好移动位置。活动面板是可以变化的，Photoshop CS6 功能强大，活动面板不可能全部出现在工作面板上，所以使用者可以根据自己的工作需求和习惯选择。通常情况下，活动面板有"历史记录""图层""通道""路径""调整"和"蒙版"这几个就可以了，其他的可以根据需要在"窗口"打开，如图 1.1.1.7 所示。

3. 根据图形绘制和设计制作的需要，在工作区中可以设置"标尺"和"参考线"。"标尺"在"视图"选项中，勾选"标尺"，工作区边缘会出现横纵两种标尺，可以帮助我们在设计和绘制图形中把握大小和比例，如图 1.1.1.8 所示。

图 1.1.1.7　"窗口"设置

图 1.1.1.8　"标尺"和"参考线"

归纳小结

该任务主要介绍了 Photoshop CS6 软件界面的基本情况，介绍了一般情况下工作面板的设置方法。使学生了解 Photoshop CS6 的面板分布、功能区域以及设置方法。能够熟悉 Photoshop CS6 的面板，熟悉工具位置，具备熟练设置和调整工作面板的能力。

1.1.2　选择常用工具

🔘 任务描述

小艺了解和熟悉了 Photoshop CS6 的整体界面和新增工具后，逐步开始试用各个工具，为以后熟练完成设计工作做准备。

 实现方法

1. 选区工具

在操作时，经常需要对图像的某一部分进行修改，这时就需要先选择构成这些部分的像素。通过使用选区工具或通过在蒙版上绘画并将此蒙版作为选区载入，可以在 Photoshop CS6 中选择像素。这里所说的选区的意思就是用于分离图像的一个或多个部分。通过选择特定区域，可以完成编辑效果和滤镜并将其应用于图像的局部，同时保持未选定区域不会被改动。

2．矩形选框工具 ：建立一个矩形选区。

在创建的时候配合使用 Shift 键可建立正方形选区（光标单击处为这个正方形选区的一个角点），配合使用 Alt 键可建立从中心扩展的选区（这时光标单击处为这个矩形选区的中点），配合使用 Shift+Alt 键可建立从中心扩展的正方形选区（这时光标单击处为这个正方形选区的中点）。矩形选框工具的各个属性如图 1.1.2.1 所示。

图 1.1.2.1　矩形选框工具的各个属性

新选区：在选项栏中选择"新选区"选项时，系统会保证每一次创建的选区都是新的，如果图像中已经存在一个选区，那么当再创建新选区时以前的选区将自动取消。

添加到选区：在选项栏中选择"添加到选区"选项，可在图像中已经存在一个选区时，再拖动光标创建新的选区。这时新的选区会添加到以前的选区上，最终选区会扩大。当图像中有选区时，按住 Shift 键并拖动也可以添加到选区。在添加到选区时，指针旁边将出现一个加号。

从选区减去：在选项栏中选择"从选区减去"选项，当图像中已经存在一个选区时，拖动光标创建的新选区，这时就会从以前的选区中减去新创建的选区，最终选区缩小。如果在创建新选区时，新的选区和以前的选区没有重合部分，则不选择任何区域。按住 Alt 键并拖动可以减去另一个选区。从选区中减去时，指针旁边将出现一个减号。

与选区交叉：在选项栏中选择"与选区交叉"选项，当图像中已经存在一个选区时，拖动光标创建的新选区，这时就会留下两个选区的重合部分而删掉多余的部分。

样式 正常 表示通过拖动确定选框比例。

样式 固定比例 宽度：1 高度：1 表示以固定比例设置高宽比。输入长宽比的值（十进制值有效）。例如，若要绘制一个宽是高的两倍的选框，请输入宽度 2 和高度 1。

样式 固定大小 宽度：64像素 高度：64像素 表示固定大小为选框的高度和宽度固定的值。输入整数像素值。

3．椭圆选框工具

创建一个椭圆形选区，其他属性见矩形选框工具。

4．单行选框工具 或单列选框工具

创建一个将边框定义为宽度为 1 像素的行或列的选区，其他属性见矩形选框工具。

以上都是绘制规则形选区的工具，而要创建不规则形选区时就不能使用上述工具，而是要用套索工具或者魔棒等其他工具。

5．套索工具

用套索工具可以创建不规则形选区，在创建选区时还可以选择相应的选项。操作方法是拖动光标以绘制选区边界。在拖动光标的过程中如果松开鼠标，选区将自动闭合。

6．多边形套索工具

对于用来绘制选区边框为直线的选区十分有用。使用多边形套索工具时只需要用在选中工具后，在图像中单击圈出选区就可以了，而且在创建选区的过程中还可以选择相应的选项。若要绘制直线段，将指针放到希望第一条直线段结束的位置，然后单击。继续单击，设置后续线段的端点。要绘制一条角度为 45°的倍数的直线，应在移动时按住 Shift 键再单击下一个线段。若要绘制手绘线段，要按住 Alt 键并拖动。完成后，松开 Alt 键以及鼠标按钮。

在使用多边形套索工具时，任何时候双击都可以使选区自动闭合。要是在选择过程中加错一个点，可以按键盘上的 Delete 键或者 BackSpace 键将加错的点去掉。

7. 磁性套索工具

在创建选区时，选区边界会自动对齐到图像中定义区域的边缘。磁性套索工具特别适用于快速选择与背景对比强烈且边缘复杂的对象。磁性套索工具不可用于 32 位/通道的图像。使用该工具时，先在要选择的对象边缘处单击，接下来只需要沿着边缘移动光标就可以了，这时系统会自动将选区边界和对象边界对齐。

宽度：要指定检测宽度，需输入宽度像素值。磁性套索工具只检测从指针开始到指定距离以内的边缘。要更改套索指针以使其指明套索宽度，按 CapsLock 键可以在已选定工具但未使用时更改指针。

提示：按右方括号键 "]" 可将磁性套索边缘宽度增大 1 像素；按左方括号键 "[" 可将宽度减小 1 像素。

对比度：用来指定套索对图像边缘的灵敏度，需在"对比度"中输入一个介于 1%到 100% 之间的值。较高的数值将只检测与其周边对比鲜明的边缘，较低的数值将检测对比度低的边缘。

频率：用来指定套索以什么频度设置取样点，在"频率"中输入 0 到 100 之间的数值。较高的数值会更快地固定选区边框。在边缘精确定义的图像上，可以输入较大的宽度和更高的边对比度，大致跟踪边缘。在边缘较柔和的图像上，输入较小的宽度和较低的边对比度，更精确地跟踪边缘。

钢笔压力：如果正在使用钢笔绘图板，请选择或取消选择"钢笔压力"选项。选中该选项时，会增大钢笔压力从而导致边缘宽度减小。

取点时一旦加错，可参照前面多边形套索工具加错点修改的方法。

在用磁性套索时，任何时候双击都可以使选区自动闭合。

8. 快速选择工具

快速选择工具是利用可调整的圆形画笔笔尖快速"绘制"或者编辑选区。拖动时，选区会向外扩展并自动查找和跟随图像中定义的边缘。要更改快速选择工具的画笔笔尖大小，单击选项栏中的"画笔"菜单并输入像素大小或移动"直径"滑块。使用"大小"弹出菜单选项，使画笔笔尖大小随钢笔压力或钢笔轮而变化。

注意：在修改画笔工具笔尖大小时，按右方括号键 "]" 可增大快速选择工具画笔笔尖的大小；按左方括号键 "[" 可减小快速选择工具画笔笔尖的大小。这组快捷键对于画笔、铅笔、橡皮擦、图章、修复画笔、减淡加深工具、模糊锐化工具等都有用。

9. 魔棒工具

魔棒工具可以用来选择和光标单击处颜色一致或者相似的区域，而不必跟踪其轮廓。这里的相似程度可以用魔棒工具的"容差"属性来调整，容差值越小，则选取的相似程度就越低；而容差值越大，则选取相似的程度就越大。

不能在位图模式的图像或 32 位/通道的图像上使用魔棒工具。在工具属性中，可指定以下任意选项。

容差：用来确定选定像素的相似点差异。以像素为单位输入一个范围介于 0 到 255 之间的值。如果值较低，则会选择与所单击处像素非常相似的少数几种颜色；如果值较高，则会选择范围更广的相似颜色。

消除锯齿：创建边缘较平滑的选区。

连续：只选择使用相同颜色的邻近区域。否则，将会选择整个图像中使用相同颜色的所有像素。

对所有图层取样：使用所有可见图层中的数据来选择颜色。否则，将只从当前图层中选择颜色创建选区。

10. 裁剪工具 🔲

用来裁切图像，在要保留的图像上拖出一个方框作选区，可拖动边控点或角控点调整大小，框内是要保留的区域，框外是要被裁切的区域，最后在选区内双击或按 Enter 键确认。

11. 透视裁剪工具 🔲

Photoshop CS6 新增了透视裁切工具，可以纠正由于相机或者摄影机角度问题造成的畸变。

12. 切片工具 🔲

切片工具会将图像划分为若干较小的图像，这些图像可在 Web 页上重新组合成完整的大图像。切片创建方法如下：

（1）选择切片工具，在图像里拖动就可以将大图像分为若干小块。

（2）基于参考线创建切片：在图像中添加参考线。选择切片工具，然后在选项栏中单击"基于参考线的切片"。通过参考线创建切片时，将会删除原有切片。

正常：在拖动时确定切片比例。

固定长宽比：设置高宽比。输入整数或小数作为长宽比。例如，若要创建一个宽度是高度的两倍的切片，请输入宽度 2 和高度 1。

固定大小：指定切片的高度和宽度。输入整数像素值。

在创建切片的区域上拖动时按住 Shift 键可将切片限制为正方形。

13. 切片选择工具 🔲

用来编辑切片。移动切片或调整其大小时选择一个或多个用户切片，执行下列操作之一：

（1）若要移动切片，移动切片选框内的指针，将该切片拖动到新的位置。按住 Shift 键可将移动限制在垂直、水平或 45°对角线方向上。

（2）若要调整切片大小，抓取切片的边手柄或角手柄并拖动。如果选择相邻切片并调整其大小，则这些切片共享的公共边缘将被一起调整。

14. 吸管工具 🔲

吸管工具用来选取颜色的，吸管工具采集色样以指定新的前景色或背景色。可以从现用图像或屏幕上的任何位置采集色样。

取样大小为：读取所单击处像素的精确值。取样大小分为"3×3 平均、5×5 平均、11×11 平均、31×31 平均、51×51 平均、101×101 平均"几个选项，将读取单击区域内指定数量的像素的平均值。

所有图层：从文档中的所有图层中采集色样。

当前图层：从当前图层中采集色样。

要选择新的前景色，请在图像内单击，或者将指针放置在图像上，按鼠标按钮并在屏幕上随意拖动。前景色选择框会随着鼠标拖动而不断变化。松开鼠标按钮即可拾取新颜色。

要选择新的背景色，按住 Alt 键并在图像内单击。或者将指针放置在图像上，按住 Alt 键并按下鼠标左键在屏幕上的任何位置拖动。背景色选择框会随着鼠标拖动而不断变化。松开鼠标，即可拾取新颜色。要在使用任一绘画工具时暂时使用吸管工具选择前景色，请按住Alt 键。

15. 标尺工具 ▦

用标尺工具可帮助准确定位图像或元素。标尺工具可计算工作区内任意两点之间的距离。当测量两点间的距离时，图像上将出现一条不会打印出来的直线。

16. 注释工具 ▤

注释工具可为图像添加注释。选中注释工具，在图像上单击一下，在打开的注释框中输入注释文字就可以了。在一个文件中可以加入多个注释。

17. 计数工具 ₁₂³

可统计单击次数。计数数目会显示在项目上和"计数工具"选项栏中。计数数目会在存储文件时一同存储。（仅限 Photoshop Extended）使用计数工具计算图像上的项目数，然后记录此项目数。按住 Alt 键并单击可移去标记，总计数会更新。

18. 污点修复画笔工具 ✐

可以快速移去照片中的污点和其他不理想的部分。污点修复画笔的工作方式与修复画笔类似：它使用图像或图案中的样本像素进行绘画，并将样本像素的纹理、光照、透明度和阴影与所修复的像素相匹配。与修复画笔不同的是，污点修复画笔不要求指定样本点，将自动从所修饰区域的周围取样。使用时单击要修复的区域，或单击并拖动以修复较大区域中的不理想部分。

近似匹配：使用选区边缘附近的像素来查找要用作选定区域修补的图像区域。

创建纹理：使用选区中的所有像素创建一个用于修复该区域的纹理。

选择"对所有图层取样"，可从所有可见图层中对数据进行取样。如果取消选择"对所有图层取样"，则只从当前图层中取样。

19. 修补工具 ▦

可以用其他区域或图案中的像素来修复选中的区域。像修复画笔工具一样，修补工具会将样本像素的纹理、光照和阴影与源像素进行匹配。在使用该工具时要先选中要修复的区域，所以我们可以将创建选区的工具和修补工具结合使用，先用创建选区的工具来选中我们要修补的区域，然后再切换到修补工具来执行修补操作。而且在修补创建选区的过程中，还可以对创建的选区进行加选或者减选操作。

如果在选项栏中选中了"源"，要将选区边框拖动到想要从中进行取样的区域，松开鼠标时原来选中的区域将被样本像素进行修补。

如果在选项栏中选中了"目标"，要将选区边界拖动到要修补的区域。松开鼠标时将使用样本像素修补新选定的区域。

20. 修复画笔工具 ✐

修复画笔工具是 Photoshop 中处理照片常用的工具之一。利用修复画笔工具可以快速移去照片中的污点和其他不理想部分。

21. 内容感知移动工具 ✂

这个是 Photoshop CS6 新增的工具，与修补工具类似，可以将选择的区域移动到其他位置并通过计算周围的像素使其自然融合。与修补工具最大的不同是所选择区域的图案不会缺失，原来的位置会通过计算周围像素信息自动修补。

22. 红眼工具 ⊕

利用红眼工具可移去用闪光灯拍摄的人像或动物照片中的红眼问题，也可以移去用闪光灯拍摄的动物照片中的白色或绿色反光问题。以前用老式照相机拍摄的照片常常见到在眼睛处有红色（尤其是在夜间拍摄的照片），这时就可以用红眼工具来进行修复。

23. 画笔工具 ✐

画笔（也称笔刷）是 Photoshop 中预先定义好的一组图形。画笔的文件格式是.abr，用户看到任何图像都可以定义为画笔。Photoshop 只存储图像的轮廓，用户可以使用任意颜色对图像进行填充。提供画笔的目的是方便用户快速地创作复杂的作品，一些常用的设计元素都可以预先定义为画笔。

24. 铅笔工具 ✐

铅笔工具与画笔工具类似，但是只针对一个像素进行编辑，每次绘制的线条都是一个像素。可以通过铅笔工具绘制较细、较清晰且没有羽化效果的线条和图形。

25. 颜色替换工具 ✐

颜色替换工具与图像调整中的"替换颜色"设置类似，在画笔工具中也有类似该工具的功能，是将颜色、明度、色相、饱和度等颜色信息通过取样调整到要编辑的区域，这也是 CS6 版本新加的功能，可将采样区的颜色替换到编辑区域。

26. 混合器画笔工具 ✐

此工具是模仿绘画中画笔对颜色的混合效果，通过涂抹的方式混合多个画面颜色，营造一种手绘的颜色混合效果。

27. 仿制图章工具 ⍂

此工具用来复制取样的图像，它能够将采样区域全部或者部分复制到一个新的图像中。在工具箱中选取"仿制图章工具"，然后把鼠标放到要被复制的图像的窗口上，这时光标处将显示一个图章的形状（和工具箱中的图章形状一样）。按住 Alt 键，单击鼠标进行定点选样，这样复制的图像会被保存到剪贴板中。把鼠标移到要复制图像的窗口中，选择一个点，然后按住鼠标拖动即可逐渐出现复制的图像。

28. 图案图章工具 ⍂

使用图案图章工具可以利用图案进行绘画，可以从图案库中选择图案或者自己创建图案。使用仿制图案图章工具时，先自定义一个图案，用矩形选框工具选定图案中的一个范围之后，单击"编辑/定义图案"命令，当该命令呈灰色（即处于隐藏状态）时无法实现"定义图案"，这可能是在操作时设置了"羽化"，选择"矩形选框工具"后，在选项栏中不要勾选"羽化"就可以了。

29. 历史记录画笔工具 ✐

历史记录画笔工具可以将一个图像状态或图像快照的副本绘制到当前图像窗口中。该工具会创建图像的拷贝或样本，然后用它来绘画。

创建快照：选择一种状态，然后执行以下操作之一。

要自动创建快照，单击"历史记录"面板上的"创建新快照"按钮；如果选中了"历史记录"选项内的"存储时自动创建新快照"，就从"历史记录"面板菜单中选择"新建快照"。

要在创建快照时设置选项，从"历史记录"面板菜单中选择"新建快照"，按住 Alt 键并单击"创建新快照"按钮。

还原对图像的更改后可以使用历史记录画笔工具有选择地将更改应用到图像区域。除非选择了合并的快照，否则历史记录画笔工具将从所选状态的图层绘制到另一状态的同一图层。历史记录画笔工具会从一个状态或快照拷贝到另一个状态或快照，但只是在相同的位置。

30. 历史记录艺术画笔工具

主要针对图像做艺术效果处理，可以使用指定历史记录状态或快照中的源数据，以风格化描边进行绘画。通过尝试使用不同的绘画样式、大小和容差选项，可以用不同的色彩和艺术风格模拟绘画的纹理。

31. 橡皮擦工具

橡皮擦工具可将像素更改为背景色或透明。如果正在背景中或已锁定透明度的图层中工作，像素将更改为背景色；否则，像素将被抹成透明。

选取橡皮擦的模式：画笔和铅笔模式下可将橡皮擦设置为像画笔和铅笔工具一样工作。块模式是指具有硬边缘和固定大小的正方形，且不提供用于更改"不透明度"或"流量"选项。对于画笔和铅笔模式，选取一种画笔预设，并在选项栏中设置"不透明度"和"流量"。100%的不透明度将完全抹除像素，较低的不透明度将部分抹除像素。

32. 背景橡皮擦工具

背景橡皮擦工具可在拖动时将图层上的像素抹成透明，从而可以在抹除背景的同时在前景中保留对象的边缘。通过指定不同的"取样"和"容差"选项，可以控制透明度的范围和边界的锐化程度。背景橡皮擦采集画笔中心（也称为热点）的色样，并删除在画笔内出现此颜色的位置。它还可以在任何前景对象的边缘采集颜色，所以如果前景对象以后粘贴到其他图像中，将不会看到色晕。

33. 油漆桶工具

油漆桶工具填充颜色值与单击处像素相似的相邻像素。在使用油漆桶工具的时候可以指定是用前景色还是用图案填充选区。

容差：容差用于定义一个颜色相似度（相对于所单击处的像素），一个像素必须达到此颜色相似度才会被填充。值的范围可以从 0 到 255。低容差值会填充颜色值范围内与所单击处像素非常相似的像素。高容差值则填充更大范围的像素。

消除锯齿：要平滑填充选区的边缘。

要仅填充与所单击处像素邻近的像素，选择"连续"；不选则填充图像中的所有相似像素。

所有图层：是基于所有可见图层中的合并颜色数据填充像素。

34. 渐变工具

渐变工具可以创建多种颜色间的逐渐混合，可以从预设渐变填充中选取或自定义渐变。

35. 钢笔工具

钢笔工具属于矢量绘图工具，其优点是可以勾画平滑的曲线，在缩放或者变形之后仍能保持平滑效果。钢笔工具画出来的矢量图形称为路径，路径是矢量的，路径允许为不封闭的开放状，但如果把起点与终点重合绘制就可以得到封闭的路径。

36. 横排文字工具 T

用于编辑图片中需要的所有文字，文字工具也属于矢量图形，在还是文字格式的时候可以根据设计需要随意调整大小，不受像素的限制，不会出现模糊效果，并且可以装入下载的其他艺术字体。但是如果需要输出图像的话就需要栅格化文字图层，一旦完成了栅格化文字图层，文字将变为图片，此时就不能随意调整大小了，就和所有的像素图片一样需要注意分辨率，过大或过小都会使文字模糊。

 归纳小结

本任务是通过对软件工具的熟悉，介绍了 Photoshop CS6 工具栏里 36 个主要工具的使用方法，还介绍了相关使用技巧。通过本课程的学习，掌握工具的设置原理和使用方法，可以合理选择和使用恰当的工具。使学生能够熟练使用工具栏中的工具，熟练设置 Photoshop CS6 工具栏相关参数，具备熟练选择合适工具的能力。

 IT 工作室

根据以上案例的讲述，熟悉整个软件的界面和工具的使用。

任务 1.2　了解图像文件格式

任务要求

Photoshop CS6 作为数字图像编辑制作软件，重点功能就是针对图像进行处理与合成。不仅仅用于平面设计，同时也对其他软件的素材处理有很大的作用。根据图片的用途不同、作用在不同软件上的要求不同，Photoshop CS6 也有多个工作模式和图片格式。小艺已经熟悉了软件的界面和工具的使用，现在需要熟悉 Photoshop CS6 不同的工作模式和图片格式，这有助于帮助首席设计师整理和区分庞大的素材库。

认识 Photoshop CS6 的 9 种图像模式

任务描述

小艺进入设计公司从事设计助理的工作，开始跟着首席设计师熟悉公司的各方面设计流程，她发现平面设计师的工作不单是做用于印刷的平面设计，还需要设计网络流通的网页和广告，同时还要帮助公司的其他设计师制作用于 3D 软件的材质和视频的素材。作用于不同途径的图片，其工作模式各不相同，小艺必须熟悉不同的图像模式以配合不同的设计需求。

相关知识

（1）亮度（Brightness）：亮度就是各种图像模式下的图形原色（如 RGB 图像的原色为 R、G、B 三种）的明暗度。亮度就是明暗度的调整。例如：灰度模式，就是将白色到黑色间连续划分为 256 种色调，即由白到灰，再由灰到黑。在 RGB 模式中则代表各种原色的明暗度，即红、绿、蓝三原色的明暗度，例如：将红色加深就成为了深红色。

（2）色相（Hue）：色相就是从物体反射或透过物体传播的颜色。也就是说，色相就是色彩颜色，对色相的调整也就是在多种颜色之间的变化。

在通常的使用中，色相是由颜色名称标识的。例如：光由红、橙、黄、绿、青、蓝、紫7色组成，每一种颜色代表一种色相。

（3）饱和度（Saturation）：饱和度也可以称为彩度，是指颜色的强度或纯度。调整饱和度也就是调整图像彩度。将一个彩色图像饱和度降低为0时，就会变为一个灰色的图像；增加饱和度时就会增加其彩度。

（4）对比度（Contrast）：对比度就是指不同颜色之间的差异。对比度越大，两种颜色之间的反差就越大；反之，对比度越小，两种颜色之间的反差就越小，颜色就越相近。例如，将一幅灰度的图像增加对比度后，会变得黑白鲜明，当对比度增加到极限时，则变成了一幅黑白两色的图像；反之，将图像对比减小到极限时就成了灰度图像，看不出图像效果，只是一幅灰色的底图。

实现方法

Photoshop CS6 有以下 9 种颜色模式：RGB 模式、CMYK 模式、Bitmap（位图）模式、Grayscale（灰度）模式、Lab 模式、HSB 模式、Multichannel（多通道）模式、Duotone（双色调）模式、lndexde color（索引颜色）模式，如图 1.2.1 所示。

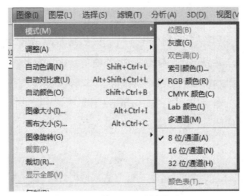

图 1.2.1 9 种颜色模式

1. RGB 模式

RGB 模式是 Photoshop 中最常用的一种颜色模式。不管是扫描输入的图像，还是绘制的图像，几乎都是以 RGB 的模式存储的。这是因为在 RGB 模式下处理图像较为方便，而且 RGB 的图像比 CMYK 图像文件要小得多，可以节省内存和存储空间。在 RGB 模式下，用户还能够使用 Photoshop 中所有的命令和滤镜。

RGB 模式：由红、绿、蓝 3 种原色组合而成，由这 3 种原色可以混合产生出成千上万种颜色。在 RGB 模式下的图像是三通道图像，每个像素由 24 位的数据表示，其中 RGB 的 3 种原色各使用了 8 位，每一种颜色都可以表现出 256 种不同浓度的色调，所以 3 种颜色混合起来就可以生成 1670 万种颜色，也就是我们常说的真彩色。

2. CMYK 模式

CMYK 模式是一种印刷的模式。它由分色印刷的 4 种颜色组成，在本质上与 RGB 模式没什么区别，但它们产生色彩的方式不同。RGB 模式产生色彩的方式称为加色法，而 CMYK 模式产生色彩的方式称为减色法。例如显示器采用的是 RGB 模式，这是因为显示器可以用电子光束投射到荧光屏上的磷质材料发出光亮而产生颜色，当没有光时为黑色，当光线加到极限时为白色。假如我们采用 RGB 颜色模式打印一份作品，将不会产生颜色效果，因为打印油墨不会自己发光。因而只有采用一些能够吸收特定的光波而靠反射其他光波产生颜色的油墨，也就是说当所有的油墨加在一起时是纯黑色，油墨减少时才开始出现色彩，当没有油墨时就成为了白色，这样就产生了颜色，所以这种生成色彩的方式就称为减色法。

理论上，我们只要将生成 CMYK 模式中的三原色，即 100%的青色（cyan）、100%的洋红色（magenta）和 100%的黄色（yellow）组合在一起就可以生成黑色（black），但实际上等量的 C、M、Y 三原色混合并不能产生完美的黑色或灰色。因此，只有再加上一种黑色后，才会产生图像中的黑色和灰色。为了与 RGB 模式中的蓝色区别，黑色以字母 K 表示，这样就产生了 CMYK 模式。在 CMYK 模式下的图像是四通道图像，每个像素由 32 位的数据表示。在处理图像时，我们一般不采用 CMYK 模式，因为这种模式文件大，会占用更多的磁盘空间和内存。此外，在这种模式下有很多滤镜都不能使用，所以编辑图像时会造成不便，因而通常都是在印刷时才转换成这种模式。

3. Bitmap（位图）模式

Bitmap 模式也称为位图模式，该模式只有黑色和白色两种颜色。它的每个像素只包含 1 位数据，占用的磁盘空间最少。因此，在该模式下不能制作出色调丰富的图像，只能制作黑白两色的图像。当要将一幅彩图转换成黑白图像时，必须转换成灰度模式的图像后再转换成只有黑白两色的图像，即位图模式图像。

4. Grayscale（灰度）模式

此模式的图像可以表现出丰富的色调，表现出自然界物体的生动形态和景观。但它始终是一幅黑白的图像，就像我们通常看到的黑白电视和黑白照片一样。灰度模式中的每个像素是由 8 位的分辨率来记录的，因此能够表现出 256 种色调。利用 256 种色调我们就可以将黑白图像表现得相当完美。

灰度模式的图像可以直接转换成黑白图像和 RGB 的彩色图像。同样，黑白图像和彩色图像也可以直接转换成灰度图像。但需要注意的是，当一幅灰度图像转换成黑白图像后再转换成灰度图像时，将不会再显示出原来图像的效果。这是因为灰度图像转换成黑白图像时，Photoshop 会丢失灰度图像中的色调，因而转换后丢失的信息将不能恢复。同理，RGB 图像转换成灰度图像时也会丢失所有的颜色信息，所以当 RGB 图像转换成灰度图像，再转换成 RGB 的彩色图像时，显示出来的图像颜色将不具有彩色效果。

5. Lab 模式

Lab 模式是一种较为陌生的颜色模式。它由 3 种分量来表示颜色。此模式下的图像由三通道组成，每个像素有 24 位的分辨率。通常情况下我们不会选择此模式，但实际上使用 Photoshop 编辑图像时就已经使用了这种模式，因为 Lab 模式是 Photoshop 内部的颜色模式。例如，要将 RGB 模式的图像转换成 CMYK 模式的图像，Photoshop 会先将 RGB 模式转换成 Lab 模式，然后再由 Lab 模式转换成 CMYK 模式，只不过这项操作是在内部进行的。因此 Lab 模式是目前所有模式中包含色彩范围最广泛的模式，它能毫无偏差地在不同系统和平台之间进行交换。

L：代表亮度，范围为 0～100。

a：是由绿到红的光谱变化，范围为-128～127。

b：是由蓝到黄的光谱变化，范围为-128～127。

6. HSB 模式

HSB 模式是一种基于人的视觉的颜色模式，利用此模式可以轻松自然地选择各种不同明亮度的颜色。在 Photoshop 中不直接支持这种模式，只能在 Color 控制面板和 Color Picker 对话框中定义这种颜色模式。HSB 模式描述的颜色有 3 个基本特征。

H：色相（Hue），用于调整颜色，范围为 0°～360°。

S：饱和度，即彩度，范围为 0%～100%，0%时为灰色，100%时为纯色。

B：亮度，颜色的相对明暗程度，范围为 0%～100%。

7. Multichannel（多通道）模式

在每个通道中使用 256 级灰度。多通道图像对特殊的打印非常有用，例如转换双色调（Duotone）用于以 ScitexCT 格式打印。可以按照以下准则将图像转换成多通道模式：

（1）将一个以上通道合成的任何图像转换为多通道模式图像，原有通道将被转换为专色通道。

（2）将彩色图像转换为多通道模式时，新的灰度信息基于每个通道中像素的颜色值。

（3）将 CMYK 图像转换为多通道模式可创建青（cyan）、洋红（magenta）、黄（yellow）和黑（black）专色通道。

（4）将 RGB 图像转换为多通道模式可创建青（cyan）、洋红（magenta）和黄（yellow）专色通道。

（5）从 RGB、CMYK 或 Lab 图像中删除一个通道会自动将图像转换为多通道模式。

8. Duotone（双色调）模式

Duotone（双色调）是用两种油墨打印的灰度图像，黑色油墨用于暗调部分，灰色油墨用于中间调和高光部分。但是在实际过程中，更多地使用彩色油墨打印图像的高光部分，因为双色调使用不同的彩色油墨重现不同的灰阶。要将其他模式的图像转换成双色调模式的图像时，必须先转换成灰度模式才能转换成双色调模式。转换时，我们可以选择单色版、双色版、三色版和四色版，并选择各个色版的颜色。但要注意在双色调模式中颜色只是用来表示"色调"的，所以在这种模式下彩色油墨只是用来创建灰度级的不是创建彩色的。当油墨颜色不同时，其创建的灰度级也是不同的。通常选择颜色时，都会保留原有的灰色部分作为主色，其他加入的颜色为副色，这样才能表现较丰富的层次感和质感。

9. Indexed Color（索引颜色）模式

索引颜色模式在印刷中很少使用，但在制作多媒体或网页上却十分实用。因为这种模式的图像比 RGB 模式的图像小得多，大概只有 RGB 模式图像大小的 1/3，所以可以大大减少文件所占的磁盘空间。当一个图像转换成索引颜色模式后，就会激活 Image/Mode/Color Table 命令，以便编辑图像的"颜色表"。RGB 和 CMYK 模式的图像可以表现出完整的各种颜色，使图像完美无缺，而索引颜色模式则不能完美地表现出色彩丰富的图像，因为它只能表现 256 种颜色，因此会有图像失真的现象，这是该模式的不足之处。索引颜色模式是根据图像中的像素统计颜色的，它会将统计后的颜色定义成一个"颜色表"。由于它只能表现 256 颜色，所以在转换后只选出 256 种使用最多的颜色放在颜色表中，对于颜色表以外的颜色，程序会选取已有颜色中最相近的颜色或使用已有颜色模拟该种颜色。因此，索引颜色模式的图像在 256 色16 位彩色的显示屏幕下所表现出来的效果并没有很大区别。

归纳小结

通过介绍 Photoshop CS6 里 9 个图像模式的工作原理，使学生能了解不同图像模式的不同使用领域。通过对图像模式工作原理的了解，学会正确地选择和使用不同图像模式。

知识目标：

（1）了解不同图像模式的工作原理；

（2）了解不同图像模式的使用领域；

（3）了解不同图像模式的工作方法。

能力目标：

（1）能够具备熟练选择使用各种图像模式的能力；

（2）能够具备熟练设置 Photoshop CS6 图像模式相关参数的能力。

任务 1.3　采集数字图像资料

任务要求

Photoshop CS6 是图像处理与合成软件，设计师第一步就是要学会采集和处理数字图像。小艺熟悉了整个软件之后，开始帮助首席设计师采集、绘制、整理和处理数字图片。针对设计需求，选择、处理和整理素材也是平面设计师最基本的技能。

1.3.1　采集数字图像——采集图像局部素材

任务描述

小艺开始帮助首席设计师处理设计素材。首席设计师给了小艺一张图片，需要小艺将图中的花卉选择出来，用于其他设计作品。图片相对简单，综合使用选择工具便可轻松选取。最终效果如图 1.3.1.1 所示。

图 1.3.1.1　最终效果

相关知识

Photoshop CS6 中范围选取的方法有很多种，可以使用工具箱中的工具，也可以使用菜单命令，还可以通过图层、通道、路径来制作选取范围。

实现方法

1．打开素材文件夹中的 1.3.1 文件夹，选择"图片 1"，如图 1.3.1.2 所示。

2．选择魔棒工具，在需要选择的花朵区域单击，将容差设置为 20，得到部分选区，如图 1.3.1.3 所示。

图 1.3.1.2　素材图片

图 1.3.1.3　用魔棒工具选择花朵区域

3．按住 Shift 键，多次单击所需选择的花朵的其他位置，得到花朵的大部分选区，如图 1.3.1.4 所示。

4．选择自由套索工具，按住 Shift 键将零星的未被选择的区域添加到选区内，如图 1.3.1.5 所示。

图 1.3.1.4　选择花朵的其他位置

图 1.3.1.5　得到完整选区

5．按下 Ctrl+J 快捷键复制新建图层，关闭背景图层可见，可以检查所选择的花卉效果，如图 1.3.1.6 所示。

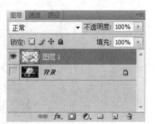
图 1.3.1.6　所选择的花卉效果

6．放大图片可以观察到局部地方选区不够完整，可以使用历史记录画笔工具将漏选的地方修整完整，如图 1.3.1.7 所示。

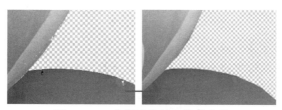

图 1.3.1.7　将漏选的地方修整完整

提示：历史记录画笔工具 会自动记录图像打开时最原始的状态。利用此工具可以将局部处理为原始状态，但是如果对图像进行了裁切操作，历史记录画笔工具将不能使用。

7．经过细致的修整，最终得到完整的花卉素材图片，如图 1.3.1.1 所示。

 归纳小结

通过选取素材中一部分花卉的案例，向学生讲解了使用魔棒、套索、历史记录画笔等工具对素材做出选择的方法。在 Photoshop CS6 中，选择工具有很多种，有很多方法可以使我们得到选区，关键在于怎样选择和综合使用所掌握的工具，用最快捷的方法取得最好的效果。

知识目标：

（1）了解选区工具的类型；

（2）了解选区工具的工作原理；

（3）了解选择获得区域综合使用工具的方法。

能力目标：

（1）能够具备熟练选择使用选择工具的能力；

（2）能够具备熟练使用选择工具选取素材的能力；

（3）能够具备根据设计需求，选择选区素材的能力。

1.3.2　调整与绘制图像——绘制水晶质感苹果

🔵 任务描述

小艺了解和熟悉了 Photoshop CS6 的整体界面和新增工具之后，首席设计师开始让小艺绘制素材图片。根据客户需求，需要一个水晶苹果的设计素材，小艺决定以紫色为背景，衬托出水晶苹果晶莹剔透的质感，效果如图 1.3.2.1 所示。

图 1.3.2.1　最终效果

📽 相关知识

质感表现要领：

（1）光照方向、强度要一致；

（2）明确的高光及阴影有助于表现光滑、反光较强的材质质感；

（3）多结合日常的观察经验，力求将光影准确地表现出来；

（4）练习的过程也是熟悉工具的过程。

🖱 实现方法

1. 创建 500×500 像素的图像，以紫色填充（R：70、G：0、B：87）。选择"滤镜"—"渲染"—"光照效果"，做出一束聚光灯投射的光照效果，如图 1.3.2.2 所示。利用紫色可以表现出神秘和高贵的感觉，同时深紫色加上光束的投影，可以更好地表现水晶苹果的通透感。

图 1.3.2.2　聚光灯投射的光照效果

2. 用钢笔工具勾出苹果的轮廓，当路径封闭后按下 Ctrl+Enter 快捷键，使路径成为选区，如图 1.3.2.3 所示。

图 1.3.2.3　绘制苹果路径

提示：可以用圆形选框工具根据苹果的大小拉出一个圆，转换到路径面板，单击右上角的小黑三角，在弹出的菜单中选择"生成工作路径"，使选区成为路径，再用钢笔工具 调整苹果的外形，这样比直接用钢笔勾要方便得多，如图 1.3.2.3 所示。

3. 保持选区，在背景层上按 Ctrl+U 快捷键调整背景的饱和度和明度。这样可以为完成后的苹果增加通透的感觉，同时也可使在进行后面的操作时看清苹果的轮廓，如图 1.3.2.4 所示。

4. 继续保持选区，单击"选择"—"存储选区"得到一个新建通道 Alpha 1，转换到通道面板，以白色填充待用，如图 1.3.2.5 所示。

图 1.3.2.4　调整色相/饱和度

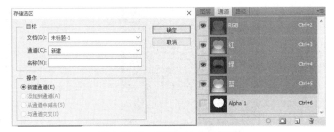

图 1.3.2.5　新建 Alpha1 通道

5．苹果的基本形状已经画出，现在需要通过添加光影关系来表现苹果通透的质感。回到图层面板，新建一个图层。用套索工具沿苹果轮廓的边缘做出选区并羽化，如图 1.3.2.6 所示。

6．在套索工具绘制的高光区域填充渐变▣，如图 1.3.2.7 所示。

图 1.3.2.6　选区并羽化

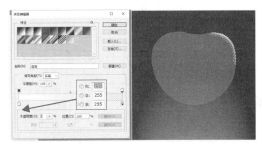

图 1.3.2.7　填充渐变

7．用同样的方法做出其他部分的反光。注意左边为受光面，要亮一点，如图 1.3.2.8 所示。

8．绘制完苹果的外轮廓后需要绘制苹果顶端的凹陷。新建通道 Alpha 2，用椭圆选框工具创建一个椭圆选区，并用画笔工具在选区中随意画些白点，然后执行"滤镜"—"扭曲"—"水波"命令，数量与起伏分别设置为 49 和 5 左右，可多试几次，以达到最佳效果。如图 1.3.2.9 所示。

图 1.3.2.8　绘制反光

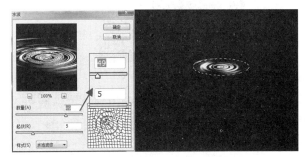

图 1.3.2.9　绘制苹果顶端凹陷

9．按下 Ctrl 键并单击 Alpha 2，使选区浮动，回到图层面板新建一图层以白色填充，可适当降低图层的透明度，如图 1.3.2.10 所示。

10．接下来需要绘制苹果柄，可以用钢笔工具勾出苹果柄的轮廓，如图 1.3.2.11 所示。

11．按下 Enter 键使路径成为选区。把背景色设为白色，新建一个图层并执行"描边"命令，然后根据苹果柄的结构，用画笔画上几条白线，再执行"高斯模糊"，如图 1.3.2.12 所示。

12．要营造水晶通透光滑的效果，需要在受光面添加更多高光。可以用钢笔工具勾出高光的轮廓，如图 1.3.2.13 所示。

图 1.3.2.10　降低层透明度　　　　　　　　　图 1.3.2.11　勾出苹果柄轮廓

图 1.3.2.12　描边苹果柄

13．使路径成为选区，双击"渐变工具"编辑渐变，新建一个图层并在选区内从左向右拉渐变，如图 1.3.2.14 所示。

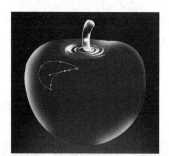

图 1.3.2.13　高光轮廓　　　　　　　　　　图 1.3.2.14　从左向右拉渐变

14．再修饰一下细节。比如用画笔工具增加几个反光点，或进一步调整底部的颜色饱和度，添加所需的文字，将文字栅格化后自由变换（Ctrl+T 快捷键），调整文字的弧度，满足苹果的立体透视效果，如图 1.3.2.15 所示，最终效果如图 1.3.2.1 所示。

图 1.3.2.15　添加文字并变形

归纳小结

通过绘制水晶质感苹果，使学生熟练掌握渐变工具和画笔工具的使用方法。了解表现质感需要注意的光影效果和色调对比。

知识目标：

（1）了解渐变的编辑方法；

（2）了解渐变工具的工作原理；

（3）了解质感表现的方法。

能力目标：

（1）能够具备熟练使用钢笔工具的能力；

（2）能够具备熟练使用渐变工具表现效果的能力；

（3）能够具备根据设计需求，把握质感表现的能力。

 IT 工作室

根据以上案例，为海报绘制水晶质感的音符。

 项目总结

主要掌握的知识和技能：

（1）掌握界面的设计方法；

（2）了解软件界面的工作原理；

（3）理解工具使用的选择方法；

（4）能够根据需求选择合适的工具；

（5）初步了解工具的使用和质感的表现方法。

通过学习，了解数字图像的采集方法，熟悉简单的软件操作。

 综合实训

绘制简单的透明质感按钮，将按钮使用在网页界面中。

要求：

（1）风格明确；

（2）设计感强，配色和谐。

模块 2
图像素材配色与加工

工作情境

　　研究色彩是为了使用色彩，也就是说为了最大限度地发挥色彩的作用。色彩的意义与内含在艺术创作和表现方面是复杂多变的，但在欣赏和解释方面又有共通的国际特性，可见它在人们心目中不仅是活的，也是一种很美的大众语言。所以，通过对色彩的各种分析，找出它们的各种特性，可以做到合理而有效地使用色彩。小艺进入设计公司已经一个多月了，基本只做了最简单的素材收集和整理工作。由于各方面工作出色，首席设计师安排她做素材的颜色调整工作，她需要根据设计团队前期对用户要求的研究来调整和搭配色彩。因此研究配色设计规律和技巧具有现实意义，这也是一个合格的平面设计师必须掌握的设计技能。

解决方案

　　通常设计中的颜色搭配是很重要的一部分，常见的配色分类有以下几种。

　　（1）色调配色：指具有某种相同性质（冷暖调、明度、艳度）的色彩搭配在一起，色相越全越好，最少也要三种色相以上。比如，同等明度的红、黄、蓝搭配在一起。大自然中的彩虹就是很好的色调配色。

　　（2）近似配色：选择相邻或相近的色相进行搭配。这种配色由于含有三原色中某一共同的颜色，所以很协调。因为色相接近，所以也比较稳定，如果是单一色相的浓淡搭配则称为同色系配色。其中出彩的搭配有紫配绿、紫配橙、绿配橙。

　　（3）渐进配色：按色相、明度、纯度三要素之一的程度高低依次排列颜色。特点是即使色调沉稳也很醒目，尤其是色相和明度的渐进配色。彩虹既属于色调配色，也属于渐进配色。

　　（4）对比配色：用色相、明度或纯度的反差进行搭配，有鲜明的强弱对比。其中，明度的对比给人明快清晰的印象，可以说只要有明度上的对比，配色就不会太失败。比如，红配绿、黄配紫、蓝配橙。

　　（5）单重点配色：让两种颜色形成面积对比的大反差。"万绿丛中一点红"就是一种单重点配色。其实，单重点配色也是一种对比，相当于一种颜色做底色，另一种颜色做图形。

　　（6）分隔式配色：如果两种颜色比较接近，看上去不分明，可以将对比色加在这两种颜色之间，增加强度，整体效果就会很协调了。一般来说，加入色是无色系的颜色和米色等中性色。

（7）夜配色：严格来讲这不算是真正的配色技巧，但却很实用。高明度或鲜亮的冷色与低明度的暖色配在一起，称为夜配色或影配色。它的特点是具有神秘、遥远的意境，充满异国情调、民族风情。比如，凫色配勃艮第酒红、翡翠松石绿配黑棕。

能力要求

知识学习和技能训练，要求具备以下能力：
（1）能够根据需要分析和把控颜色的搭配和感觉；
（2）能够按照作品需要将其调整为合适的颜色；
（3）能够根据画面主体造型选择适合的视觉表达方式并构图设计出颜色平衡的作品；
（4）能够根据设计主体搭配出色彩和谐统一的图片；
（5）能够熟练使用 Photoshop CS6 的调整工具；
（6）能够根据设计需要熟练使用调色和选择工具处理图片。

任务 2.1　广告色彩的意象

任务要求

首席设计师交给小艺两个设计项目，要求她根据设计要求调整搭配颜色。小艺根据对项目的分析，觉得两个项目各有不同，风格和表现方式都各有特点，主要还是通过颜色来配合不同的项目需要。

2.1.1　色彩搭配的图像表现——设计品牌为"TONZ"的板鞋商品海报

任务描述

小艺需要设计一个板鞋的商品海报，其品牌为"TONZ"。她决定以品牌名称的文字为主要元素，通过颜色搭配来表现海报的怀旧风格，表现了板鞋所代表的休闲、复古的怀旧文化。最终效果如图 2.1.1.1 所示。

图 2.1.1.1　最终效果

📑**相关知识**

怀旧风格的要领:

(1)整体使用低纯度的颜色,表现陈旧的感觉;

(2)增加一些残破的肌理效果,表现岁月的痕迹;

(3)还可观察不同时期的艺术表现手法,使用某一时期的特殊元素,达到怀旧的感觉。

🖱**实现方法**

1. 打开 Photoshop CS6,新建一个文件,设置如图 2.1.1.2 所示。

2. 使用横排文字工具 T,输入英文字母"TONZ",如图 2.1.1.3 所示。

图 2.1.1.2　新建文字

图 2.1.1.3　输入文字

3. 选择文字图层,单击右键,选择"格栅化文字"命令。

4. 在现有的文字基础上,将"Z"进行再处理。使用矩形选框工具,对字母"Z"进行处理,删除选框所选部分,然后取消选区(按 Ctrl+D 快捷键),如图 2.1.1.4 所示。

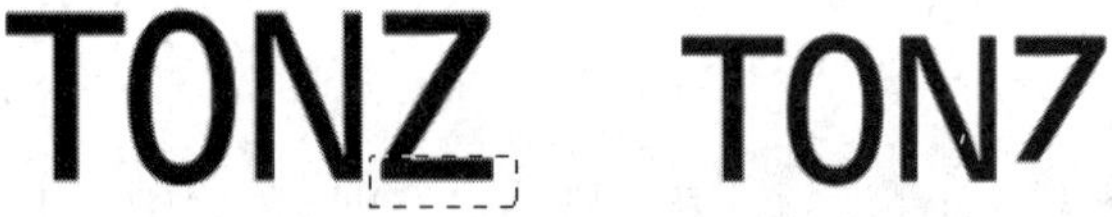

TONZ　TON7

图 2.1.1.4　删除选出部分

5. 使用钢笔工具 ◊,勾出扩大变形后的"Z"图形的路径,选择选区(按 Ctrl+Enter 快捷键),将图形填充为黑色,填充选区(按 Ctrl+Delete 快捷键),如图 2.1.1.5 所示。

图 2.1.1.5　改变形状

6．用相同的方法处理字母"T"，得到图中效果。然后选中背景图层，将背景色填充入怀旧的灰绿色，如图 2.1.1.6 所示。

图 2.1.1.6　填充灰绿色

7．黑色部分的文字与背景的颜色搭配显得对比度太强，不够和谐，所以要将文字的颜色进行调整。使用魔棒工具选择文字区域，将文字填充为白色，如图 2.1.1.7 所示。

8．为了使画面层次更加丰富，可以将局部文字的颜色再做修改。使用矩形选框选中"O"，然后按 Ctrl+C 快捷键复制，再按 Ctrl+V 快捷键粘贴，在图中复制一个新的"O"，如图 2.1.1.8 所示。

图 2.1.1.7　文字填充白色　　　　　　　　　图 2.1.1.8　复制"O"

9．将"O"的颜色进行改变，选择"O"图层并双击该图层，打开"图层样式"对话框，选择"颜色叠加"（右击相应的图层），颜色参数和效果如图 2.1.1.9 所示。

10．将修改后的"O"移动到原来"O"的位置，如图 2.1.1.10 所示。

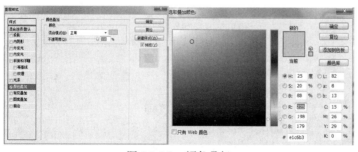

图 2.1.1.9　颜色叠加　　　　　　　　图 2.1.1.10　"O"的颜色效果

11．选中背景图层，使用磁性套索工具 选择文字下部的区域，复制选中图层，选择"图层样式"—"颜色叠加"，改变文字下方的图层颜色，如图 2.1.1.11 所示。

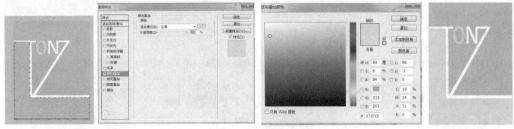

图 2.1.1.11　改变下部颜色

12．海报的主要布局已经基本完成了，可以在下方的空白处添加广告语之类的文字，如图 2.1.1.12 所示。

图 2.1.1.12　添加广告语

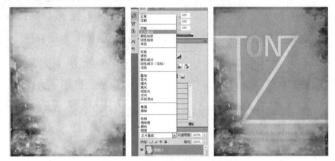

图 2.1.1.13　添加背景图片

13．为了增加怀旧海报的肌理感，打开素材文件夹 2.1.1 中的"图片 1"，复制到文档中，调整素材图片的颜色和大小，选择放入合适的位置。选择该图片，混合模式选择"正片叠底"，效果如图 2.1.1.13 所示。

2.1.2　色彩语言的图像表达——制作某品牌海报人物图片

任务描述

小艺接到首席设计师要求她为某品牌设计海报，她看了策划部给出的设计文案和甲方给出的海报照片，分析了品牌的定位和特点后，决定采用日式风格色调来表达设计感觉，彰显画面温馨、自然和甜美的感觉。最终效果如图 2.1.2.1 所示。

图 2.1.2.1　最终效果

相关知识

彩色广告主要包括整版广告、跨页广告、折页广告、多页广告、连券广告和中缝广告等。彩色海报广告重要的是广告版位，广告版位是指广告所在的不同版面，这直接影响广告的效益、广告费用及广告的受关注程度。总之，在设计彩色海报版时一定要注意以下几点问题。

（1）版面主色调。版面的整体色彩要根据版面的定位、风格及稿件的内容来决定。主体颜色在版面中占 60%左右，其他部分配以相邻色系中的颜色来统一画面。

（2）发挥对比组合的功效。虽然只用同色系的版面比较整齐，但会给人一种平淡乏味的感觉，因此可采用互补色来增强画面的对比。

（3）色彩搭配的和谐美。在彩色海报中，标题与正文之间的字体颜色以及标题与标题之间的字体颜色要形成对比，但在具体对比的同时也要达到和谐美，要达到这种效果一般采用以下几种方法。

（1）使用同色系中的颜色来统一画面，只需在色彩的明度方面进行处理，如深红、浅红和粉红。

（2）使用色环上相邻的颜色或使用明度与纯度相近的颜色，如白色与黄色、橙色与红色等。

（3）使用互补色来搭配画面，版面以一种颜色为主，配色则以低纯度的颜色为主。

（4）版面中的颜色要形成流动与强势感，以达到突出主题，吸引观众眼球的效果。

实现方法

1. 启动 Photoshop CS6，打开素材文件夹 2.1.2，导入"海报照片"，如图 2.1.2.2 所示。
2. 根据海报的构图，将海报照片左边多余的部分裁切掉，使人物位于画面的左侧，如图 2.1.2.3 所示。

图 2.1.2.2　海报照片

图 2.1.2.3　裁切照片

3. 确定海报构图后要为画面调色，新建图层，在新图层上填充颜色#001909，将图层的混合模式改为"排除"，这样整体的色调将变为暖色，暗部颜色有一定的泛蓝效果，为营造日系色打下基础，效果如图 2.1.2.4 所示。

4. 整体画面颜色确定后开始调整日式风格色系。单击图层下方的"创建新的填充或调整图层"按钮 ，创建"可选颜色"调整图层。主要是针对人物肤色进行调整，对蓝色和黑色部分的调整主要是针对眼部，设置如图 2.1.2.5 所示。

5. 单击图层下方的"创建新的填充或调整图层"按钮 ，创建色相/饱和度调整图层。对红色及黄色的调整主要是让肤色更显透亮，青色就是和谐窗架色，参数设置如图 2.1.2.6 所示。

图 2.1.2.4　调整颜色

图 2.1.2.5　调整可选颜色

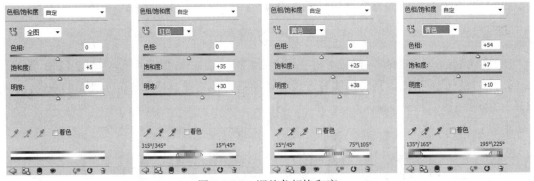

图 2.1.2.6　调整色相饱和度

6．再次创建可选颜色调整图层，调整红色和黄色主要是针对肤色，使之更亮。同时让环境色调稍亮一点，调整黑色可修饰眼部颜色，参数设置如图 2.1.2.7 所示。

图 2.1.2.7　用"可选颜色"调整颜色

7. 调整完色调，创建色阶调整图层对图片进行调亮，增加图片颜色层次，对各通道进行调整，参数设置如图 2.1.2.8 所示。

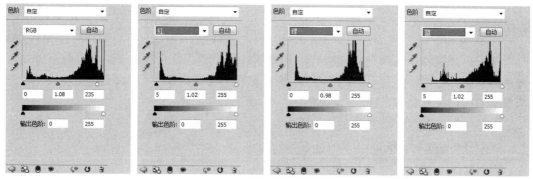

图 2.1.2.8　调整色阶

8. 新建一个图层，按 Ctrl+Alt+Shift+E 快捷键盖印图层。执行"滤镜"—"锐化 USM 锐化"命令，参数设置如图 2.1.2.9 所示。

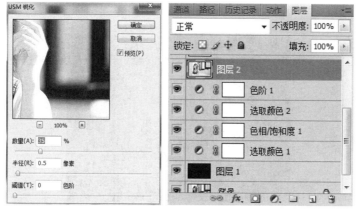

图 2.1.2.9　锐化滤镜

9. 最后加入广告文字，完成海报效果，最终效果如图 2.1.2.1 所示。

 归纳小结

通过学习让学生了解颜色的搭配方式和对颜色的感受表达。

知识目标：

（1）了解色彩语言的表现原则；

（2）了解色彩调整的变化规律；

（3）了解"创建新的填充或调整图层"工具的使用方法。

能力目标：

（1）能够具备熟练运用色彩语言的表现原则设计出平面作品的能力；

（2）能够具备熟练使用颜色控制画面和感情表达的能力；

（3）能够具备熟练使用"创建新的填充或调整图层"工具调整画面颜色的能力。

任务 2.2　图像编辑与合成

任务要求

　　首席设计师交给小艺两个设计项目，要她根据设计要求合成图片。小艺对两个项目进行了仔细的分析，觉得两个项目各有不同，风格和表现方式都各有特点，主要还是通过颜色和特效来配合不同的项目需要。

2.2.1　图像合成特效表现——电影剧照合成

任务描述

　　首席设计师交给小艺一些素材图片，需要处理成可用素材。设计方案中要求将两张图片合成一张，且过度要自然。小艺使用蒙版将图片合成，得到了设计部门的一致认可。最终效果如图 2.2.1.1 所示。

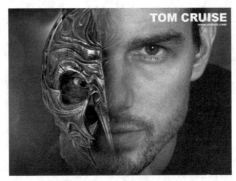

图 2.2.1.1　最终效果

相关知识

　　图层蒙版是挂在图层上的一种控制图层显示区域的工具，图层蒙版表现为黑、白、灰三色。白色表示被显示区域，黑色表示不被显示区域，灰色则表示部分显示、部分不显示。使用图层蒙版最大的优点是可使图片显示局部区域，又不损伤原始图片素材，为后续的修改提供了可能。

实现方法

　　1. 打开素材文件夹 2.2.1 中的"图片 1"，如图 2.2.1.2 所示。

　　2. 将素材"图片 1"拖入软件打开，同时执行"复制"—"粘贴"命令打开素材"图片2"，效果如图 2.2.1.3 所示。

　　3. 选中图层 1，单击图层面板下方的"添加图层蒙版"按钮▣添加图层蒙版，如图 2.2.1.4 所示。

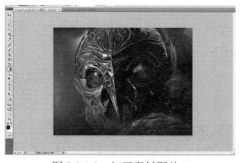

图 2.2.1.2　打开素材图片 1

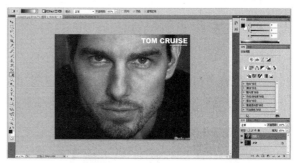

图 2.2.1.3　打开素材图片 2

4．打开渐变工具，选择"黑白渐变"，将光标移至蒙版并单击蒙版，再在工作区拉动渐变，就可显示下层图片的一部分，完成两张图片的合成。可多试几次寻找最佳的合成效果，如图 2.2.1.5 所示，最终效果如图 2.2.1.1 所示。

图 2.2.1.4　添加图层蒙版

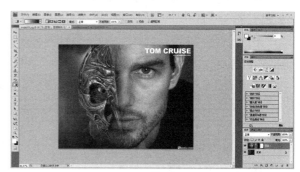

图 2.2.1.5　编辑渐变

2.2.2　色彩搭配的图像表现——风景图片雪景效果处理

🔘 任务描述

首席设计师交给小艺一些素材图片，需要处理成可用素材。设计方案中需要雪景图片，小艺通过对素材图片的分析和筛选，将一张风景图片处理成雪景效果，满足了设计需要。最终效果如图 2.2.2.1 所示。

图 2.2.2.1　最终效果

🐭 **实现方法**

1．从素材文件夹 2.2.2 中打开"素材图片 1"，如图 2.2.2.2 所示。

2．在通道面板下，观察发现绿色通道对比度比较高。右击绿色通道，选择"复制通道"，在弹出的对话框中单击"确定"按钮，得到绿色通道副本，如图 2.2.2.3 所示。

图 2.2.2.2　打开"素材图片 1"

图 2.2.2.3　选择绿色通道

3．按 Ctrl+L 快捷键打开"色阶"窗口。目的是增加该通道的对比度，为后面制作雪景效果做准备，如图 2.2.2.4 所示。

4．在通道面板中，按住 Ctrl 键的同时单击"绿色副本"，将绿副本通道载入选区，如图 2.2.2.5 所示。

图 2.2.2.4　调整色阶

图 2.2.2.5　将副本载入选区

5．回到图层面板，新建一个图层，将背景色与前景色设为白色。选中新建的图层，按下 Ctrl+BackSpace 快捷键进行填充。将这个图层向右移动 1 个像素，再新建一个图层，再进行填充。如图 2.2.2.6 所示。

图 2.2.2.6　填充白色

6. 将两个填充为白色的图层进行合并，按下 Ctrl+E 快捷键向下合并图层。

7. 双击合并后的图层，在弹出的"图层样式"对话框中选择"斜面和浮雕"，混合模式为"强光"，如图 2.2.2.7 所示。

图 2.2.2.7　调整图层样式

8. 选择背景副本图层，按下 Ctrl+M 快捷键，调整图层"曲线"，加大图片的对比度，如图 2.2.2.8 所示，最终效果如图 2.2.2.1 所示。

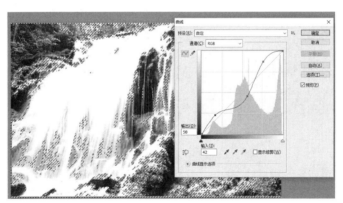

图 2.2.2.8　调整曲线

 归纳小结

主要了解图像素材颜色的调整与合成特效的方法，根据设计方案的需求调整合适的图像是设计过程中很重要的能力。

知识目标：

（1）了解图像配色的要求；

（2）了解 Photoshop 的调色及蒙版工具的使用；

（3）了解 Photoshop 的通道与蒙版工具的工作原理。

能力目标：

（1）能够具备熟练运用颜色搭配原则调整出符合主题的配色方案的能力；

（2）能够具备熟练使用 Photoshop 的调色工具，恰当处理设计素材的能力；

（3）能够具备熟练使用 Photoshop 的通道与蒙版工具合成图片的能力。

 项目总结

主要掌握的知识和技能：
（1）掌握平面设计颜色的调整方法；
（2）了解颜色调整的制作流程；
（3）理解颜色表达的类型；
（4）能够根据不同的设计风格处理不同的设计素材。
通过学习，了解图像合成的处理方法，尝试练习设计合成图像。

 综合实训

规划设计风景为主题的海报，重点以颜色调整为主，利用颜色的调整表达设计感受。
要求：
（1）风格明确；
（2）设计感强，配色和谐；
（3）颜色调整统一，合成效果自然。

模块 3
特效文字设计与制作

广告公司通常要接数个设计项目同时进行，这就需要公司员工的分工合作。小艺作为公司的新员工，协助首席设计师处理相关设计素材和图片的工作完成得较为出色。首席设计师开始尝试给她简单的字体字形的设计工作，根据要求为几个设计项目配上合适的字体设计。文字设计是增强视觉传达效果、提高作品的诉求力、赋予版面美感的一种重要构成技术，在平面设计领域中相当重要，也是平面设计师必须掌握的基本技能。

📖 解决方案

通常项目中的文字设计重点要注意设计项目的风格和字体的作用，搭配得当才能起到好的效果。有以下几种设计方法：

（1）用相关图形替换出其中某些字的笔画，既不改变文字形状，也不影响文字的识别性，是图案文字设计较好的方法；

（2）用相关图形替换文字所有笔画，使文字如画，画字交融，这就是设计常用的图案文字；

（3）利用工具改变文字的材质效果，使文字表现出某种质感的立体效果；

（4）将文字笔画呈现出某种自然特效，如火、水、冰、云等。

能力要求

通过知识学习和技能训练，要求达到具备以下能力：
（1）能够根据项目要求搭配合适的文字设计；
（2）能够运用工具设计制作图案文字；
（3）能把握文字和设计作品的风格和谐统一；
（4）能够综合运用增效工具与图层样式制作文字特效。

任务3.1 图案文字设计制作

任务要求

首席设计师交给小艺一个设计项目，要求根据项目的风格配上相关的字体设计。小艺根据对项目的分析，觉得两个项目所搭配的文字都可以采用图案文字的方法表现。在文字设计中，与图案组合的文字极为常见，通常设计文字最简单最直接的方法就是选择合适的字体，然后改变文字的全部笔画或部分笔画，使文字呈现一种图案的效果。其中图案的选择就显得尤为重要，关键是把握文字放置的位置和作品的风格，根据作品的风格和文字位置选择合适的图案。

3.1.1 文字组合设计——制作"水墨"艺术字

任务描述

首席设计师交给小艺一张房地产公司的海报。某房地产公司开发"水墨·江南春院"楼盘，要以"水墨"为主题设计海报。海报的内容基本都已经做完了，要求小艺配上合适的"水墨"二字。小艺经过分析决定了"水墨"艺术字的设计方案，在文字中融合中国传统毛笔笔触，使用的字体为"方正宋繁体"，加之传统的水墨山水画作为背景，使文字显得古朴，整个画面显得韵味十足，最终效果如图3.1.1.1所示。

图 3.1.1.1　最终效果

📽 相关知识

水墨风格：我国素有"书画同源"之说；书与画所用的工具是相同的。行笔、运笔等技巧相同，中国书法是"以线造字"，而中国画历来是"以线造型"（以线条为主要造型手段）。所以在配合中国水墨风格的图片时，字体设计也需要具备水墨书法的感觉，以形写意。

扭曲滤镜（Distort）：是 Photoshop"滤镜"菜单下的一组滤镜，共 12 种。这一系列滤镜都是用几何学原理将影像变形的，以创造出三维效果或其他的整体变化。每一个滤镜都能产生一种或数种特殊效果，但都离不开一个特点，就是对影像中所选择的区域进行变形、扭曲。

🖱 实现方法

1. 建立文件并设置文档大小，执行"文件"—"新建"命令（或按 Ctrl+N 快捷键），在弹出的"新建文档"对话框中设置新建文档属性；在"名称"文本框中输入"水墨"，在预设下拉列表框中选择"自定"选项，并设置文档宽度为 40 厘米，高度为 30 厘米，分辨率为 300 像素/英寸，颜色模式为默认的 RGB 颜色 8 位，具体的参数设置如图 3.1.1.2 所示。

2. 输入文字并转换为路径，选择"横排文字"工具 T（或按 T 键），并输入文字为"水墨"，按 Ctrl+Enter 快捷键确定，如图 3.1.1.3 所示。同时会自动产生"水墨"图层，如图 3.1.1.4 所示。单击"字符"，选择字符字体为"书体坊赵九江"，设置字体大小为 80 点，并设置其颜色 RGB 值均为 0，其他参数如图 3.1.1.5 所示。

图 3.1.1.2　新建文件

图 3.1.1.3　输入文字

图 3.1.1.4　命名图层

图 3.1.1.5　设置文字

3. 在当前文字图层上右击创建工作路径，在面板中单击"路径"按钮切换至路径面板，此时可看到自动生成一个名为"工作路径"的路径。然后在路径面板中选择"工作路径"层，再单击"图层"按钮切换至图层面板，单击"水墨"图层前面的 █图标隐藏该文字图层，以便更好地观察建立的工作路径，如图 3.1.1.6 所示。

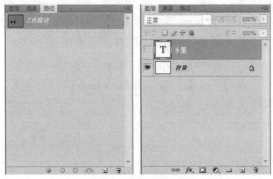

图 3.1.1.6　建立工作路径

4. 修改路径并转换为路径填充。选择"直接选择"工具 █，可以直接对锚点进行选择，分别对"水"文字内部的路径线条进行选择，然后按 Delete 键删除多余的路径，如图 3.1.1.7 所示。选择钢笔工具 █，移动鼠标指针至"水"路径的断开锚点处，单击该锚点，并再次单击要连接的路径锚点，完成对路径的闭合，如图 3.1.1.8 所示。

图 3.1.1.7　删除多余路径

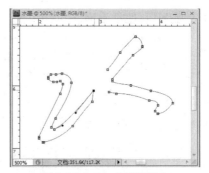

图 3.1.1.8　完成线路闭合

5. 执行"图层"—"新建"—"图层"命令（或者直接单击图层面板下方的"创建新图层"按钮 █，将新建图层并命名为"水墨 x"，如图 3.1.1.9 所示。在面板区域中单击"路径"按钮，切换至路径面板，选择"工作路径"层，右击建立选区，可以直接将路径作为选区载入。

图 3.1.1.9　新建图层

6. 单击工具面板下方的"设置前景色"按钮，打开"拾色器（前景色）"对话框，选取将要填充的颜色，其 RGB 色值均为 166，如图 3.1.1.10 所示。选择油漆桶工具，再按 Alt+Delete 快捷键以前景色填充到当前的选择区域中，填充获得图像效果如图 3.1.1.11 所示，最后按 Ctrl+D 快捷键取消当前的选择区域。

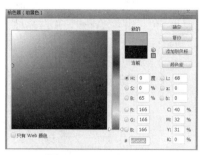

图 3.1.1.10　选取颜色

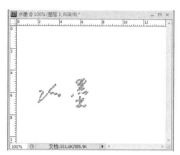

图 3.1.1.11　填充文字颜色

7. 由于本文字采用中国水墨风格设计，所以需要绘制仿毛笔的效果。使用上面相同的方法隐藏"水墨 x"图层，并新建图层命名为"笔画"。选择画笔工具，在该工具的选项栏面板中选择"画笔"样式为"干画笔"，如图 3.1.1.12 所示，然后在画布窗口中绘制图案。

8. 执行"滤镜"—"扭曲"—"旋转扭曲"命令，在弹出的"旋转扭曲"对话框中设置角度为 887 度，如图 3.1.1.13 所示。

图 3.1.1.12　选择笔刷

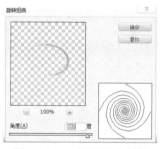

图 3.1.1.13　设置扭曲角度

9. 在图层面板中拖动"笔画"图层至"创建新图层"按钮 4 次，分别复制出"笔画 副本""笔画 副本 2""笔画 副本 3""笔画 副本 4"图层，选择"笔画 副本"，执行"编辑"—"变换"—"旋转"命令，并将旋转中心点在如图 3.1.1.14 所示位置进行逆时针方向旋转，使用相同的方法对"笔画 副本 2"进行顺时针旋转，如图 3.1.1.15 所示。

图 3.1.1.14　选择"画笔 副本"图层

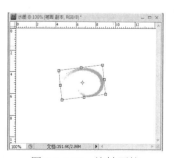

图 3.1.1.15　旋转画笔

10．在图层面板中分别设置"笔画 副本""笔画 副本 2"图层的不透明度为 75%和 55%，如图 3.1.1.16 所示，此时可以实现模仿毛笔笔触在生宣纸上浸染的效果，设置如图 3.1.1.16 所示。

11．在图层面板中按住 Ctrl 键不放，分别选择"笔画""笔画 副本""笔画 副本 2""笔画 副本 3""笔画 副本 4"这些图层，将它们合并为一个图层，按住 Ctrl+T 快捷键对合并图层后生成的"笔画 副本"图层进行相应的变形。然后执行"滤镜"—"液化"命令，在弹出的"液化"面板中选择"湍流"工具，将画笔大小设置为 30。并配合面板中的各种工具，对笔画进行修整，调制出如图 3.1.1.17 的效果。

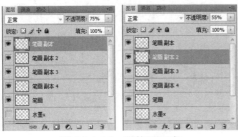

图 3.1.1.16 调整透明度　　　　　　　　　图 3.1.1.17 修正画笔弯曲效果

12．单击"水墨 x"图层前面的 ◉ 图标显示该图层，按 Ctrl+T 快捷键对"笔画 副本"进行旋转和缩放，如图 3.1.1.18 所示。

13．进行文字修饰并添加背景效果。在图层面板中选择"水墨 x"图层，执行"滤镜"—"风格化"—"扩散"命令，在弹出的"扩散"面板中选中"变暗优先"单项按钮，如图 3.1.1.19 所示。在图层面板中复制"水墨 x"图层，使用上面的方法再次执行"扩散"命令，然后对"水墨 x 副本"执行"滤镜"—"模糊"—"高斯模糊"命令，在弹出的"高斯模糊"面板中设置半径为 1.0 像素，此时该文字的边缘更接近于毛笔的笔触效果，如图 3.1.1.19 所示。

图 3.1.1.18 缩放笔画效果　　　　　　　　图 3.1.1.19 设置滤镜

14．最后加上合适的水墨画背景，在图层面板中拖动水墨画图层至最底层，最后设置图层的混合模式为"线性加深"，最终效果如图 3.1.1.1 所示。

3.1.2 图案文字设计——制作"VOGUE"毛茸茸艺术字

🎯 任务描述

时光飞逝，小艺已经来公司不短了，首席设计师对小艺的能力肯定的同时也将不少重要的任务交给她做。这一次的设计任务是为某动物保护组织设计以"呼吁抵制穿着皮草，保护动物"为主题的公益海报。海报的内容基本都已经做完了，要求小艺配上合适的"VOGUE"艺术字体设计。小艺分析公益海报以"保护动物，抵制皮草"为主题，就决定用动物皮毛效果做文字的图案效果，最终效果如图 3.1.2.1 所示。

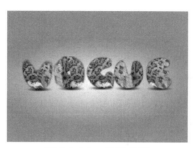

图 3.1.2.1　最终效果

相关知识

笔刷：笔刷是 Photoshop 图像编辑软件中的工具之一，它是一些预设的图案，可以以画笔的形式直接使用。网上有许多 Photoshop 笔刷素材可供下载，下面就来看看如何安装和使用 Photoshop 笔刷。

把解压后的 Photoshop 笔刷文件放在一个文件夹内方便稍后安装使用，记住文件所在的路径。打开 Photoshop，单击笔画工具。从画笔的设置的菜单中选择"载入画笔"。找到存放笔刷的文件夹，选择所需的笔刷然后单击"载入"。载入几个笔刷文件都可以。选择笔刷大小和颜色。最好是新建一个图层，可以用新笔刷自由绘画。如果想用原来的笔刷，从菜单中选择"复位画笔"就可以回到原来的笔刷了。还可以调节笔刷的各种设置（不同的版本界面可能不同）。需注意，有些笔刷如果是针对新版本的 Photoshop 做出来的，可能在旧版本中无法使用。

实现方法

1. 执行"文件"—"新建"命令（或按 Ctrl+N 快捷键），在弹出的"新建"对话框中设置新建文档属性，在预设下拉列表中选择"自定"选项，并设置文档宽度为 1767 像素，高度为 1283 像素，分辨率为 300 像素/英寸，颜色模式为默认的 RGB 颜色，8 位，具体的参数设置如图 3.1.2.2 所示。

2. 输入文字，选择横排文字工具（或按 T 键），并输入文字"VOGUE"，按 Ctrl+Enter 快捷键确定，如图 3.1.2.3 所示，同时会自动产生"VOGUE"图层。

图 3.1.2.2　新建文件

图 3.1.2.3　输入文字

3．下面需要制作动物皮毛效果，打开素材文件夹 3.1.2，选择"素材图片 1"并将其复制到文字图层上方。动物皮毛素材图片必须覆盖住文字，如图 3.1.2.4 所示。

图 3.1.2.4　添加皮毛素材

提示：添加皮毛图案效果图片时，如果不能完整覆盖文字，不要盲目拉伸图片，可复制多个皮毛图片，中间拼接处出现的接缝可以使用污点修复画笔工具去除。

4．转到图层面板，选择文字图层。右击顶部的图层缩略图，然后单击"选择像素"命令。一个选取框选择使用文本将被添加作为参考（也可以按下 Ctrl 键并单击文本图层前面图标），如图 3.1.2.5 和图 3.1.2.6 所示。

图 3.1.2.5　选择像素　　　　　　　　　　图 3.1.2.6　得到文字选区

5．得到选区后，在图层面板选中皮毛纹理图片图层，然后单击"图层"—"图层蒙版"—"显示选区"选项，如图 3.1.2.7 所示。最终得到皮毛图案文字效果，如图 3.1.2.8 所示。但是只有皮毛图案还不够，还需建立笔刷绘制毛茸茸的皮毛效果。

图 3.1.2.7　显示选区　　　　　　　　　　图 3.1.2.8　皮毛文字效果

6. 制作笔刷是这个项目的重点，首先利用画笔工具里的"画笔预设"中的"草"图案画笔。新建一个图层，利用现有的"草"笔画，绘制单个"草"图案。将"草"图案选择出来，并复制一层，按 Ctrl+T 快捷键自由变换—垂直翻转—水平翻转，绘制一个新的笔刷，效果如图 3.1.2.9 和图 3.1.2.10 所示。

图 3.1.2.9　选择"草"笔刷

图 3.1.2.10　制作新笔刷

7. 选择完整的新笔刷图案，执行"编辑"—"自定义画笔"命令，储存为新的画笔，并将新画笔命名为"皮毛"，效果如图 3.1.2.11 和图 3.1.2.12 所示。

图 3.1.2.11　自定义画笔

图 3.1.2.12　调整画笔形状

8. 进入画笔面板，调整画笔的各项参数，参考图 3.1.1.13。

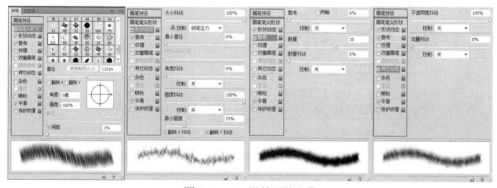
图 3.1.2.13　调整画笔参数

9. 选择"皮草"图层的蒙版，然后用画笔工具（B）中我们刚刚创建的白色画笔。开始在字母的边缘绘制非常逼真的效果，如图 3.1.2.14 和图 3.1.2.15 所示。

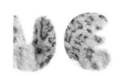
图 3.1.2.14　绘制边缘

图 3.1.2.15　调整所有文字效果

提示：要经常更改笔刷大小，使效果更加自然。

10．毛茸茸的字体效果基本完成，但略显轻薄，皮毛的厚重感还不够，需进一步设置图层样式效果，为字体添加更具皮毛质感的效果。选择"图层"—"图层样式"—"投影"和"内阴影"，给图层添加投影和内阴影，具体参数设置如图 3.1.2.16 所示。

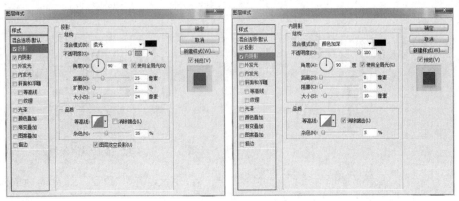

图 3.1.2.16　设置投影内阴影

11．选择"图层"—"新建调整图层"—"照片滤镜"命令。使用加温滤镜（85），浓度20%的图片过滤器后，改变混合模式为"正片叠底"，设置如图 3.1.2.17 所示。

图 3.1.2.17　调整色温

12．为了使皮毛字体更具分量感、更立体，新建图层在文字下方加上投影，再给文字加上一个背景，使画面更完整，如图 3.1.2.18 和图 3.1.2.19 所示。

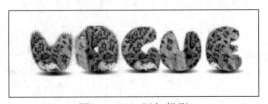

图 3.1.2.18　添加投影

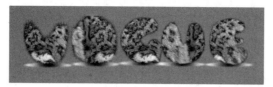

图 3.1.2.19　添加背景

13．加入背景颜色后，文字底部的投影就显得颜色不自然了，此时将投影图层的图层混合模式改为"正片叠底"，如图 3.1.2.20 所示。

 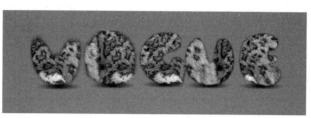

图 3.1.2.20　修改投影混合模式

14．最后在背景层利用渐变工具加入一个聚光光束的效果，最终效果如图 3.1.2.1 所示。

 归纳小结

　　图案字体设计中，针对用图形替换文字的部分笔画和用图案替换文字的全部笔画这两种典型的图案字体设计方法都做了详细的介绍和案例展示，并对图案文字设计方法与风格处理进行了深入分析。同时着重学习了扭曲滤镜的使用方法，并新增了图层剪贴蒙版的使用方法和技巧。

知识目标：
（1）了解图案文字的设计方法；
（2）了解图案文字的风格表现；
（3）了解图层剪贴蒙版的工作原理；
（4）了解剪贴蒙版和普通蒙版的区别；
（5）了解扭曲滤镜的使用技巧。

能力目标：
（1）能够为设计作品搭配风格一致的图案字体；
（2）能够使用图案字体的设计方法选择和处理合适的图案；
（3）能够根据设计需要，熟练使用扭曲滤镜改变字体或图形形状；
（4）能够使用剪贴蒙版填充各种特殊图形；
（5）具备设计图案字体的能力；
（6）具备根据需要分析和把控设计风格和方向的能力。

 IT 工作室

　　根据以上两个案例和设计分析，为"鲜源果汁"橙汁味饮料海报配上水果图案的字体。可用上剪贴蒙版、图层样式等工具。设计效果可参考图 3.1.2.21。

图 3.1.2.21　设计效果

任务 3.2　水晶字设计

🔘 任务要求

首席设计师认为小艺之前的字体设计都很有创意，继续交给她两个设计项目，要求根据项目的风格配上相关的字体设计。小艺根据对项目的分析，觉得两个项目所搭配的文字都可以采用水晶文字的方法表现。在文字设计中，水晶质感的文字表现很常见，最关键是要表现出水晶的质感。

3.2.1　文字风格表现——制作"BEST"水晶艺术字

🔘 任务描述

首席设计师交给小艺一项设计任务。为"BEST"外文培训机构网页 LOGO 制作装饰字体。网页效果基本已经做完了，要求小艺配上合适的"BEST"四个字母。小艺经过分析决定将"BEST"艺术字的设计表现出水晶质感，再添加光线图片作为背景，凸显出该教育机构的科技感和未来感，最终效果如图 3.2.1.1 所示。

图 3.2.1.1　最终效果

📋 相关知识

装饰字体在视觉艺术系统中具有美观大方、便于阅读和识别、应用范围广等优点。
装饰字体是在基本字形的基础上进行装饰、变化加工而成的。它的特征是在一定程度上摆脱了印刷字体的字形和笔画的约束，根据品牌或企业经营性质的需要进行设计，达到加强文字的精神含义和富于感染力的目的。

装饰字体表达的含意丰富多样。如细线构成的字体，容易使人联想到香水、化妆品之类的产品；圆厚柔滑的字体，常用于表现食品、饮料、洗涤用品等；浑厚粗实的字体则常用于表现企业的强劲实力；而有棱角的字体则能展示企业个性等。装饰字体运用夸张、明暗、增减笔画形象、装饰等手法，以丰富的想象力，重新构成字形，既加强文字的特征，又丰富了标准字体的内涵。同时，在设计过程中不仅要求单个字形美观，还要使整体风格和谐统一，表现理念内涵，达到易读性，以便于信息传播。

🖱 **实现方法**

1. 启动 Photoshop CS6，新建一个文档，大小为 1200 像素×600 像素，分辨率为 300 像素/英寸，颜色为 RGB 8 位，如图 3.2.1.2 所示。

2. 打开素材文件夹 3.2.1，将素材文件"背景"置入文档中，调整合适的大小和位置，如图 3.2.1.3 所示。

图 3.2.1.2　新建文件　　　　　　　　　图 3.2.1.3　置入素材

3. 新建一个空白图层，打开素材文件夹 3.2.1，将图案素材 jc1403261_sc 载入图案库，将空白图层填充纹理图案，混合模式为"叠加"，不透明度 40%，如图 3.2.1.4 所示。

图 3.2.1.4　添加纹理图层

4. 选择"文字"按钮，输入文字"BEST"并选择合适的字体，同时将字体调整到合适的大小。把文字图层复制两层，三个图层分别命名为"BEST-1""BEST-2""BEST-3"，如图 3.2.1.5 所示。

5. 开始制作文字特效，隐藏前两个文字图层，首先对"BEST-1"图层进行图层样式的设置，参数如图 3.2.1.6 所示。

图 3.2.1.5　添加文字图层

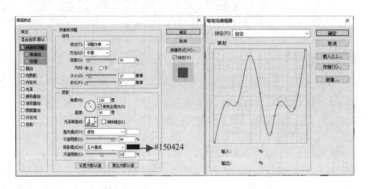

图 3.2.1.6　设置图层"BEST-1"样式

6．隐藏"BEST-3"图层，接下来对"BEST-2"进行图层样式的设置，确定后把填充改为0%，上移几个像素增加层次感，如图 3.2.1.7 所示。

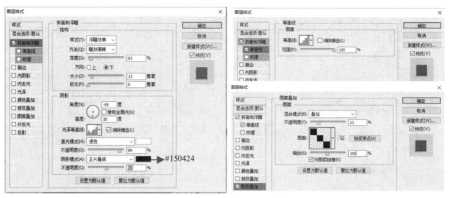

图 3.2.1.7　设置图层 "BEST-2" 样式

7. 接下来是对 "BEST-3" 进行图层样式的设置，做好以后将此图层向上移动几个像素以做出立体感的效果，确定后把填充改为 0%，如图 3.2.1.8 所示。

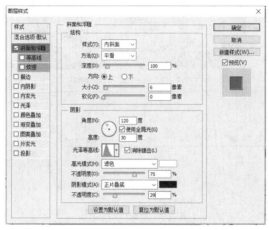

图 3.2.1.8　设置图层 "BEST-3" 样式

8. 文字效果做好还需添加光线以增加水晶质感的反光效果，新建一个图层，将图层模式改为 "滤色"，将前景色设置为白色，选择画笔工具 55 号笔刷，调整笔刷至合适大小，在文字的棱角处加上光点，效果如图 3.2.1.9 所示。

图 3.2.1.9　绘制反光点

9. 为了让整体效果更美观，在上方新建一个图层，再在文字上增加一些小光点，按 F5 键弹出画笔设置界面，设置画笔可做出光点效果，设置好后新建图层，沿着文字内部涂一下即可，如图 3.2.1.10 所示。最终效果如图 3.2.1.1 所示。

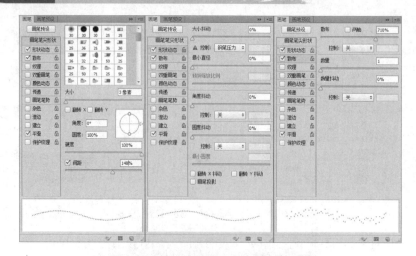

图 3.2.1.10　绘制文字中间光点

3.2.2　水晶文字设计——制作情人节雪花水晶艺术字

🔵 任务描述

　　西方的情人节与中国的农历日期相近。某甜品连锁店请小艺的公司设计制作情人节海报，海报要求传达出温馨和甜蜜的感觉。首席设计师规划了整体的设计并制作了基本海报页面，然后将后续设计任务交给小艺，要求小艺配上合适的主体文字。小艺分析了甲方的设计要求，决定用水晶质感的文字做出主体文字设计，2 月份的情人节正好还是冬天，水晶糖果般的文字配上雪花，表现出很强烈的甜蜜感和温馨的效果，最终效果如图 3.2.2.1 所示。

图 3.2.2.1　最终效果

📽相关知识

设计中风格的设定和相关材质的搭配是非常重要的。所以在设计初期，设计人员需要进行市场研究从而得到准确的市场定位。任何设计作品都会有一定的受众人群，几乎没有设计作品是所有人群都适宜和喜爱的。所以在进行设计的时候要有明确的定位，清楚这个设计主要针对什么样的人群，这也是设计师设计多样化的原因，准确把握设计定位是设计师必须具备和提升的能力。

🖱 实现方法

1．打开 Photoshop CS6，创建一个 610 像素×400 像素的新文件，并填充背景层为 50%灰色。在进行下一步操作之前要确保背景层是解锁状态，如果背景层是锁定状态，双击该图层，然后单击"确定"按钮。如图 3.2.2.2 所示。

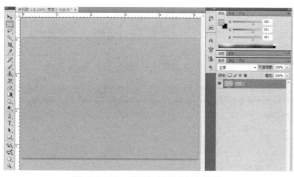

图 3.2.2.2　新建灰色背景文件

2．创建一个简单的光照背景。单击"滤镜"—"渲染"—"光照效果"，对其进行如下图设置：强度为 12，聚焦为 69，光泽为 0，材料为 69，曝光度为 0，环境为 45，纹理为无。设置参数与效果如图 3.2.2.3 所示。

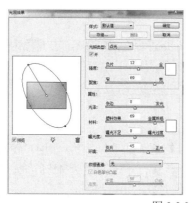

图 3.2.2.3　创建光照背景

3．双击图层面板或者在图层面板右击进入图层的混合选项，选择颜色叠加。其中混合模式为"颜色"，颜色设置为#b9ccdd，不透明度为 75%，这样就得到了一个淡蓝色的背景，设置参数与效果如图 3.2.2.4 所示。

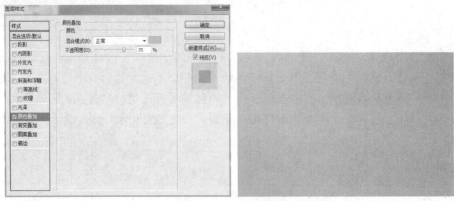

图 3.2.2.4　添加蓝色叠加效果

4．接下来需要做一个表现冰雪覆盖的地面的形状层。选择钢笔工具，勾画出如图 3.2.2.5 所示的效果，按 Ctrl+Enter 快捷键获得选区，新建图层，在选区内填充白色。

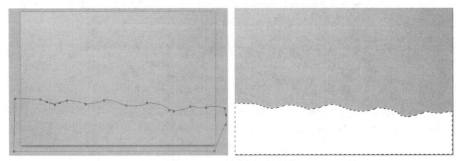

图 3.2.2.5　绘制冰雪区域

提示：钢笔工具是可以画到画布外面的，但是最终的选区还是会自动选为画布边框的形状。

5．要做出冰雪覆盖的效果，需要对刚刚绘制的冰雪图层进行设置。双击冰雪图层，弹出"图层样式"对话框，参考下列各项参数设置，最终得到冰雪覆盖的效果，如图 3.2.2.6 所示。

设置"投影"：混合模式为线性加深，不透明度为 75%，角度为 120 度，勾选"使用全局光"，距离为 28 像素，扩展为 48%，大小为 18，勾选"消除锯齿"。

设置"外发光"：混合模式为滤色，不透明度为 64%，杂色为 58%，填充色为白色，方法为柔和，扩展为 20%，大小为 16 像素，勾选"消除锯齿"，范围为 50%，抖动为 0%。

设置"内发光"：混合模式为滤色，不透明度为 50%，杂色为 29%，方法为柔和，源选择"边缘"，大小为 5 像素，勾选"消除锯齿"，范围为 50%，抖动为 0%。

设置"斜面和浮雕"：样式为内斜面，方法为平滑，深度为 100%，方向为上，大小为 16 像素，软化为 2 像素，角度为 120 度，高度为 30 度，勾选"取消锯齿"，取消"使用全局光"，高光模式为滤色，不透明度为 75%，阴影模式为正片叠底，不透明度为 45%。

设置"等高线"：半圆，勾选"消除锯齿"，不透明度为 90%。

设置"渐变叠加"：渐变色为#d3d8de 到白色，不勾选"反向"，样式为线性，与图层对齐，角度为 90 度，缩放为 75%。

6．打开素材文件夹 3.2.2 中的"素材 1"，把它放在冰雪形状层上方。改变纹理层混合模式为正片叠底，透明度为 5%，效果如图 3.2.2.7 所示。

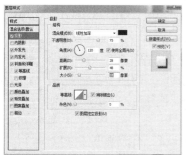

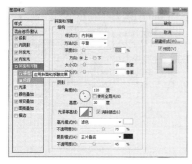

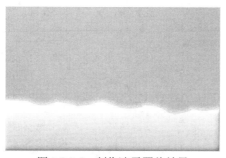

图 3.2.2.6　制作冰雪覆盖效果

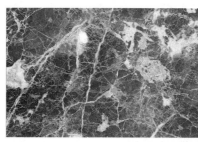

图 3.2.2.7　加入冰裂效果

7．做好所需的背景以后，现在要做主题文字，小艺计划做水晶效果的文字，透明水晶效果表现出纯净的感觉，加上条纹的花纹和红色的渐变，使画面呈现出甜美温暖的感觉。在图上打上文字"Happy Valentine's Day!"，将文字排在合适的位置。通过给文字添加图层样式制作透明的水晶效果，设置参数与效果如图 3.2.2.8 所示。

设置"内投影"：混合模式为正片叠底，不透明度为 28%，角度为 172 度，距离为 7 像素，阻塞为 2%，大小为 84 像素。

设置"外发光"：混合模式为正常，不透明度为24%，方法为柔和，扩展为0%，大小为4像素，等高线为双峰式，范围为3%，抖动为0%。

设置"内发光"：混合模式为颜色减淡，不透明度为31%，杂色为0%，方法为柔和，源为边缘，大小为29像素，等高线为中间凸起式，范围为50%，抖动为0%。

设置"斜面和浮雕"：样式为内斜面，方法为平滑，深度为25%，方向为上，大小为6像素，软化为0像素，角度为90度，高度为80度，取消"使用全局光"，高光模式为线性减淡（添加），不透明度为100%，阴影模式为颜色减淡，颜色为#fc00ff，不透明度为100%。

设置"等高线"：等高线为中间凹陷式，范围为100%。

设置"颜色叠加"：混合模式为颜色减淡，颜色为#ed125a，不透明度为100%。

设置"图案叠加"：混合模式为正常，不透明度为100%，图案选择素材文件夹3.2.2中的"素材2"图案文件，将图案文件载入，选择紫红条纹图案，缩放为63%。

设置"描边"：大小为1像素，位置为外部，混合模式为正常，不透明度为100%，填充类型为渐变，渐变颜色为#ff00ba、#350f08、#ff00ba。勾选"反向"，样式为线性，勾选"与图层对齐"，角度为90度，缩放为10%。

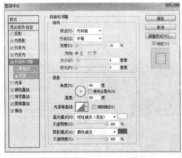  

图 3.2.2.8　输入文字并添加图层样式

提示：想要在"图案叠加"中载入图案，可单击图案预览图旁边的小三角，在弹出的下拉选项中单击"载入图案"，之后在选择对话框中选择相应的图案文件即可。同样也可以自己制作图案，选择需要制作的图案，单击"编辑"—"自定义图案"命令即可将自己需要的图片制作成图案。

8. 下一步制作文字上覆盖的积雪效果。将文字图层复制一层，去掉文字图层的图层样式，效果如图 3.2.2.9 所示。

图 3.2.2.9　复制文字图层

9. 在新的文字图层上，利用图层样式制作积雪效果，参数设置和之前图片下部的积雪图案参数设置类似，根据文字大小和效果调整了一部分参数，设置参数和效果如图 3.2.2.10 所示。

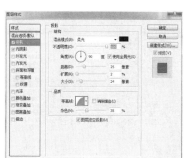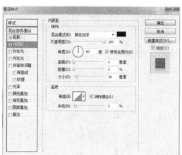

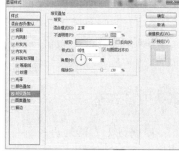

图 3.2.2.10　制作积雪覆盖效果

10. 为了让刚才制作的文字看起来像有积雪覆盖在水晶字体上，需要创建一个图层蒙版，选择"图层"—"矢量蒙版"—"显示全部"。选择钢笔工具，逐个绘制想要保留的出现在文字上的积雪部分。绘制的时候会发现，只在圈出的部分内有白雪效果，如图 3.2.2.11 所示。最终效果如图 3.2.2.1 所示。

图 3.2.2.11 勾出保留区域

归纳小结

图案字体设计中，针对制作水晶文字的方法做了详细的介绍和案例展示，并对图案文字设计方法与风格处理进行了深入分析。同时着重学习了图层样式的使用方法，并新增了滤镜、动作和图案的使用方法和技巧。

知识目标：

（1）了解水晶文字的设计方法；

（2）了解水晶文字的风格表现；

（3）了解图层样式和动作的工作原理。

能力目标：

（1）能够为设计作品搭配风格合适的水晶字体；

（2）能够根据设计用途选择和处理合适的水晶材质效果；

（3）能够熟练使用图层样式调整材质效果；

（4）具备设置和使用动作工具的能力；

（5）具备根据设计需求，分析和把控作品质感的能力。

IT 工作室

根据以上案例和设计分析，为"PHOTOSHOP"设计趣味字体。可用上剪贴蒙版和图层样式等工具。设计效果可参考图 3.2.2.12。

图 3.2.2.12 设计效果

任务 3.3   火焰文字设计制作

⊙ 任务要求

　　首席设计师交给小艺两个字体特效设计的项目，小艺通过对两个项目的分析，觉得第一个项目所搭配的文字可以采用火焰文字的方法表现。在文字设计中，火焰特效文字设计极为常见，火焰特效的独特冲击力和视觉震撼力，很适合用于海报设计的艺术配字。一般情况都是利用火焰的燃烧效果组成字体或图案。

3.3.1   文字的特效表现——制作"Velocity"火焰艺术字

⊙ 任务描述

　　首席设计师交给小艺一张商品海报，"Velocity"运动品牌要设计具有运动感和热情感的海报。海报的内容基本做完了，要求小艺配上合适的"Velocity"文字。小艺经过分析认为"Velocity"艺术字是表现运动的速度、激情和热情的，在这样的海报中搭配火焰燃烧的文字再合适不过了。烈焰燃烧的效果能表现年轻、热血、激情四射的感觉。最终效果如图 3.3.1.1 所示。

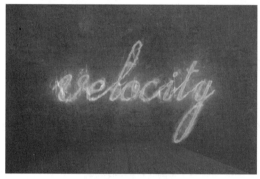

图 3.3.1.1   最终效果

📑 相关知识

　　图层样式：为创建的任何对象应用效果都会增强图像的外观。因此，Photoshop 提供了不同的图层混合选项（即图层样式），有助于为特定图层上的对象应用效果。图层样式是应用于一个图层或图层组的一种或多种效果。可以应用 Photoshop 附带提供的某一种预设样式，或者使用"图层样式"对话框来创建自定样式。应用图层样式十分简单，可以为包括普通图层、文本图层和形状图层在内的任何种类的图层应用图层样式。

🖱 实现方法

　　1. 打开 Photoshop CS6，建立一个适当大小并带黑色背景的新文件。使用文字工具，大小为 280pt，字体为 BV_Rondes_Ital，输入字母 v，如图 3.3.1.2 所示。

2．右击文字层选择"混合选项"选项，在弹出的"图层样式"对话框中勾选"外发光"，如图 3.3.1.3 所示。

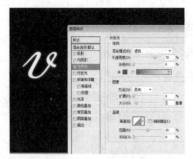

图 3.3.1.2　输入文字　　　　　　　　图 3.3.1.3　设置外发光

3．在图层样式中勾选"颜色叠加"，为文字添加火焰的黄色，设置如图 3.3.1.4 所示。

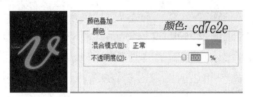

图 3.3.1.4　设置颜色叠加

4．在图层样式中勾选"光泽"，设置如图 3.3.1.5 所示。

图 3.3.1.5　设置光泽

5．在图层样式中勾选"内发光"，设置混合模式为"颜色减淡"，设置与效果如图 3.3.1.6 所示。

图 3.3.1.6　设置内发光样式

6. 再次右击文字层，选择"栅格化"选项。使用 200 像素大小的橡皮擦将上部擦去（这里要设置一下流量和不透明度，否则不能达到渐隐效果），如图 3.3.1.7 所示。

7. 执行"滤镜"—"液化"命令，选择向前变形工具（默认设置），设置参数，在文字边缘制造波浪效果，设置参数与效果如图 3.3.1.8 所示。

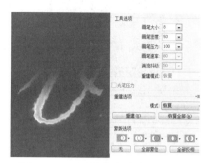

图 3.3.1.7　擦除渐隐效果　　　　图 3.3.1.8　调整文字边缘波浪效果

8. 打开素材文件夹 3.3.1，载入"素材 1"，进入通道面板，选择绿色层，按"Ctrl+左键"快捷键单击绿色层载入高光区，如图 3.3.1.9 所示。

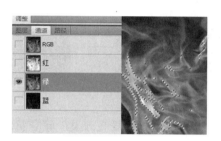

图 3.3.1.9　通过通道选择高光区域

9. 回到图层面板，使用移动工具将选中的区域移动到刚才的文字文件中，将火焰置于文字层上方，如图 3.3.1.10 所示。

提示：这里我们是利用通道来载入选区，在移动的时候请确保所有通道都是可见的，否则可能移过去的选区是黑白的。

10. 使用 15 像素橡皮擦工具，擦掉所有多余的火焰，只留下文字周围缭绕的火焰，如图 3.3.1.11 所示。

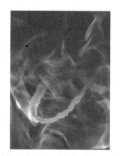
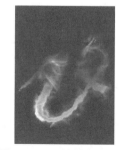

图 3.3.1.10　置入火焰素材　　　　图 3.3.1.11　擦掉多余区域

11. 多重复几次上一步的操作，添加更多火焰，做好了第一个火焰字体，如图 3.3.1.12 所示。

12. 使用同样的方法制作完整的火焰字，如图 3.3.1.13 所示。

图 3.3.1.12　多次添加火焰效果

图 3.3.1.13　制作完整火焰

13. 加上深色背景图，调整大小，将图片置于如图 3.3.1.14 所示的位置。

14. 在背景层上新建一层，填充黑色，图层不透明度设为 50%，使用橡皮擦工具，将木地板凸显出来，如图 3.3.1.15 所示。

图 3.3.1.14　添加背景

图 3.3.1.15　添加背景黑色

15. 做完火焰效果，还需要添加火焰的发光效果。建立新图层，命名为"发光"。用画笔画出 3 个巨大的红点（柔和圆角），如图 3.3.1.16 所示。

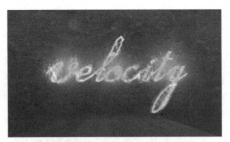
图 3.3.1.16　制作发光效果

16. 将本层混合模式设为"颜色减淡"，得到最终效果如图 3.3.1.1 所示。

3.3.2　文字颜色的表现——设计制作"Spring"炫彩火焰艺术字

🌀 **任务描述**

首席设计师交给小艺一个设计任务，魅力酒吧为了业务推广，吸引更多顾客，推出了"Spring"魅力季活动，需要制作推广海报。海报的内容基本做完了，要求小艺配上合适的

"Spring"文字。小艺经过分析认为"Spring"艺术字主要需要表现魅力、绚丽、激情和热情，在这样的海报当中配合火焰燃烧的文字再合适不过了，普通的火焰文字特效还不够突出酒吧灯光的绚丽和时尚，所以在文字的颜色上还增加了绚丽的紫红渐变色。最终效果如图3.3.2.1所示。

图 3.3.2.1　最终效果

📋 相关知识

文字特效：设计中根据画面的需要，在不影响文字识别性的情况下，在文字上添加特殊效果就是文字特效设计。常见的文字特效包括水晶特效、火焰特效、发光效果等等，还有各种肌理质感的文字特效制作。根据设计画面需求搭配上合适的文字特效是设计师必须具备和提升的技能，但也不是所有的设计作品都需要搭配特效文字，有些简洁的设计必须搭配简洁的文字，千万不要为了追求炫酷的效果而使文字特效而出现画蛇添足的问题。

🖱 实现方法

1．打开 Photoshop CS6，新建文件 3508 像素×2480 像素，分辨率为 300 像素/英寸。使用文字工具编辑文字"Spring"，调整到合适大小放置在画面中，如图 3.3.2.2 所示。

2．现在需要制作文字火焰的效果，选择文字图层，单击鼠标右键选择"复制图层"选项。将本来的文字图层预览效果关闭，将文字图层副本上的文字栅格化。添加"滤镜"—"模糊"—"高斯模糊"，设置半径为 20。再使用涂抹工具 🖌，将画笔大小调到 65，对文字图层副本上已栅格化的文字进行涂抹，如图 3.3.2.3 所示。

提示：想要制作出合适的效果，就要根据自己选择的字体和文件大小来设定高斯模糊的半径。

图 3.3.2.2　输入文字

图 3.3.2.3　涂抹文字效果

3．完成火焰效果的涂抹后，双击此图层，在图层样式中设置"外发光"：颜色选择紫红色（#ea0ce7），不透明度设置为 58%，扩展为 1，大小为 40，如图 3.3.2.4 所示。

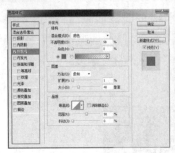 

图 3.3.2.4　设置图层样式

4.将刚才隐藏的文字图层显示出来，然后执行"选择"—"载入选区"命令，新建一个图层。在选框工具下，右击选择描边，宽度为 5px，颜色为白色。然后把旧的字体层删除，效果如图 3.3.2.5 所示。

图 3.3.2.5　选区

5.复制几个描边的图层，按 Ctrl+T 快捷键轻微旋转一下，然后合并这个描边图层，用涂抹工具 涂抹开头和结尾部分，保留中间些许白线，效果如图 3.3.2.6 所示。

图 3.3.2.6　合并图层

6.新建一个图层，选择渐变工具，颜色设置为中间紫色（#e303fd），两边深蓝色（#0b01b8），然后由上至下拉出线性渐变，再把图层混合模式改为"柔光"，如图 3.3.2.7 所示。

图 3.3.2.7　添加渐变效果

7．再新建一个图层，混合模式改为"叠加"，分别用亮蓝、鲜黄、粉色、亮绿等柔角画笔涂抹。注意控制不透明度，尽量保持颜色通透的效果。不局限颜色，可多尝试其他颜色，涂出炫彩的效果就可以了，如图 3.3.2.8 所示。

图 3.3.2.8　修改混合模式

8．炫彩效果已经初见雏形了，为了让火焰更富动感，需要增加一些火花效果。在刚才涂抹多个炫彩颜色的图层下新建一个图层，把前景颜色设置为白色，选择画笔工具，调成 35 号模糊笔刷，打开画笔面板，勾选"散布"，散布为 943%，然后在火焰头尾都轻轻画几下，如图 3.3.2.9 所示。

图 3.3.2.9　制作火焰光点

9．复制涂抹火焰效果的图层，按 Ctrl+T 快捷键垂直变换，调整不透明度，用橡皮擦擦一下最下面的边缘，做出倒影效果，炫彩火焰效果便完成了，最终效果如图 3.3.2.1 所示。

 归纳小结

本项目主要了解文字设计的设计要求和利用 Photoshop 的图层样式和混合模式制作文字设计特效。

知识目标：

（1）了解字体设计的要求；

（2）了解 Photoshop 的图层混合模式功能；

（3）了解 Photoshop 的画笔工具设置的使用技巧。

能力目标：

（1）能够具备熟练运用字体设计的要求原则设计出符合主题的字体的能力；

（2）能够具备熟练使用 Photoshop 的图层样式使用的能力；
（3）能够具备熟练使用 Photoshop 的混合模式制作字体特效的能力。

 IT 工作室

根据以上案例的设计分析，针对游戏海报设计一套符合其风格的字体。效果可参考图
3.3.2.10 所示。

图 3.3.2.10　设计效果

 项目总结

本项目主要掌握的知识和技能：
（1）掌握字体设计的设计方法；
（2）了解字体设计的设计流程；
（3）理解字体设计的设计类型；
（4）能够把握字体设计的风格搭配；
（5）能够根据不同的设计风格，设计出不同的字体。

综合实训

通过本项目的学习，了解字体设计的设计方法，尝试练习设计制作完整的艺术字。
规划设计中国古典风格特效的艺术字体。
要求：
（1）风格明确，强调突出中国古典风格，可以结合其他软件制作立体造型；
（2）设计感强，配色和谐。

模块 4
海报广告设计与制作

💻 **工作情境**

    海报设计必须有相当的号召力与艺术感染力，要调动形象、色彩、构图、形式感等因素形成强烈的视觉效果。它的画面应有较强的视觉中心，应力求新颖、单纯，还必须具有独特的艺术风格和设计特点。小艺进入设计公司已经半年了，各方面表现都还不错，首席设计师开始安排她承担一些海报的设计工作，她需要根据设计团队前期做的用户研究和设计方案，确定最后的视觉设计方案，比如海报的风格、版式的选取、色彩的搭配表现等。因此研究海报广告的视觉设计规律和技巧具有现实意义，这也是一个合格的平面设计师必须掌握的设计技能。

📖 **解决方案**

    海报制作最重要是构图的技巧，除了在色彩运用上需要借鉴掌握对比技巧以外，还需考虑几种对比关系，如构图技巧的粗细对比、构图技巧的远近对比、构图技巧的疏密对比、构图技巧的动静对比、构图技巧的中西对比、构图技巧的古今对比等。一张海报的设计通常要注意以下几个方面：

    （1）主题明确；

    （2）重点文字突出；

    （3）符合阅读的习惯；

    （4）以最短的时间激起关注欲望；

    （5）色彩不要过于醒目；

    （6）产品数量不宜过多；

    （7）信息数量要平衡，要有留空，留空可以使图片和文字有"呼吸空间"。

🧭 **能力要求**

    通过本项目的知识学习和技能训练，要求具备以下能力：

    （1）能够根据需要分析和把控海报设计的风格和设计语言的表达方式；

    （2）能够使用海报设计的设计方法为设计作品搭配风格合适的装饰纹样；

    （3）能够根据画面主体造型选择适合的视觉表达方式，并构图设计出画面平衡的海报设计；

（4）能够根据宣传内容搭配出色彩和谐统一的海报设计；

（5）能够熟练使用 Photoshop 的调色和蒙版工具合成完整的海报设计；

（6）能够根据设计需要熟练使用蒙版和通道工具准确地选择复杂的图案选区。

任务 4.1　点构成海报的设计表现

🌐 任务要求

首席设计师交给小艺两个设计项目，要求她根据广告部策划的海报文案设计完整的海报作品。小艺根据对项目的分析，觉得两个产品各有不同，风格和表现方式都各有特点，主要还是通过点的构成来表现并配合不同项目的需要。

4.1.1　点构成海报的表现——新款白酒的宣传海报制作

🌐 任务描述

某品牌酒业请小艺所在的公司设计新款白酒的宣传海报，小艺认为白酒是中国酒文化很重要的一部分，中国酒文化源远流长，所以用中国传统的风格来表现最合适不过了。配上中国书法的元素，书法文字即画面中的点元素，用点构成来表现酒的文化感和历史沧桑感。最终效果如图 4.1.1.1 所示。

图 4.1.1.1　最终效果

📇 相关知识

点是构成形体最基本的单位。单一的点是视觉的中心，起到凝固视线的作用。任何物体都由一系列顶点来定义其方位、尺度、结构。粒子状态下的点运动可以模拟气流、水体、烟雾等流体状态。点形成的集合产生面和体的感觉。

🖰 实现方法

1．启动 Photoshop CS6，新建一个文件，命名为"白酒广告"，然后执行"文件"—"打开"命令，打开素材文件夹 4.1.1 中的"水墨效果"文件放入"白酒广告"文档。然后将素材文件夹 4.1.1 中的水墨画笔笔刷装入软件，将水墨画添加到背景图上，如图 4.1.1.2 所示。

图 4.1.1.2　新建文件并添加素材

2．为了突出海报的视觉中心，采用以中心点为主的对称布局设计。在背景图片的上方用矩形工具画出一矩形并填充红色，如图 4.1.1.3 所示。

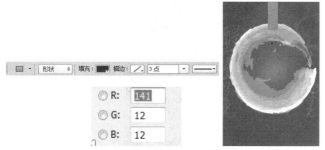

图 4.1.1.3　绘制红色矩形

3．选择直排文字工具将古诗"莫许杯深琥珀浓，未成沉醉意先融，疏钟已应晚来风，瑞脑香消魂梦断，辟寒金小髻鬟松，醒时空对烛花红。"放置在红色矩形图案的右边，如图 4.1.1.4 所示，分别将"千年古方"与"千年进化论"四个字放在红色矩形图案右边和中间，如图 4.1.1.5 所示。

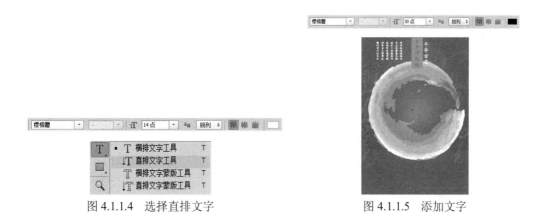

图 4.1.1.4　选择直排文字　　　　　　　　图 4.1.1.5　添加文字

4．将古诗放置水墨图案上方并改变其颜色、字体、大小，设置如图 4.1.1.6 所示，然后右击鼠标栅格化图层，右击鼠标创建蒙板。

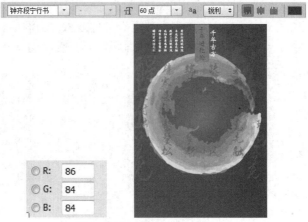

图 4.1.1.6　调整文字大小

5．执行"文件"—"打开"命令将素材文件夹 4.1.1 中的素材图片"酒瓶"放入图片中间位置，如图 4.1.1.7 所示。

图 4.1.1.7　置入酒瓶素材

6．将广告语"千年古方华彩人生"放置在海报下方，文字格式如图 4.1.1.8 所示。将公司信息"湖南华彩人生酒业有限公司""订购热线：800 400 500"放置在背景图下方，文字格式如图 4.1.1.9 所示。

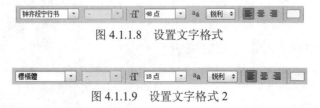

图 4.1.1.8　设置文字格式

图 4.1.1.9　设置文字格式 2

7．最终效果如图 4.1.1.1 所示。

4.1.2　点构成海报的设计应用——S 酒吧宣传海报制作

🌑 **任务描述**

　　S 酒吧策划 7 周年纪念活动，请小艺所在的设计公司设计宣传海报。首席设计师将这个海报设计的任务交给了小艺，她根据前期的分析结果，觉得这个海报需要表现酒吧绚丽的时尚效果。以"7"为主题，利用点构成的设计元素做出点光晕效果。最终效果如图 4.1.2.1 所示。

图 4.1.2.1　最终效果

🖰 **实现方法**

　　1. 打开 Photoshop CS6，新建文件，大小为 60 厘米×80 厘米，分辨率为 72 像素/英寸，颜色模式为 RGB 8 位。利用渐变工具在背景填充渐变效果，渐变设置为前景色#633b07、背景色#2a0f03，如图 4.1.2.2 所示。

图 4.1.2.2　新建文件并填充背景

　　2. 新建图层，利用排版文字工具输入字体"7"置于文档中间，设置不透明度为 40%。设置参数如图 4.1.2.3 所示。

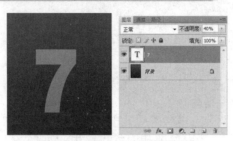

图 4.1.2.3　输入文字调整透明度

3．双击文字"7"图层，弹出文字图层的"图层样式"对话框，设置文字"7"的图层样式，参数及效果如图 4.1.2.4 所示。

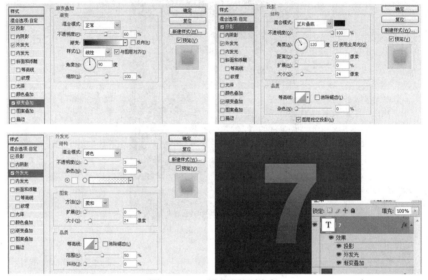

图 4.1.2.4　设置图层样式

4．以纪念 7 周年为主题，主要元素周围需要放置一些装饰性的小字母以添加海报的层次性。新建其他字母图层，并为小字母添加图层样式，不透明度改为 30%，效果如图 4.1.2.5 所示。

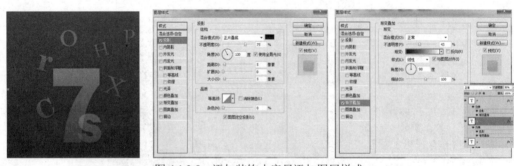

图 4.1.2.5　添加装饰小字母添加图层样式

5．新建图层，选用画笔工具（笔刷 300 号）在"7"字下方单击一下，得到渐变的发光效果。按 Ctrl+T 快捷键自由变换，将效果调整到如图 4.1.2.6 所示。发光效果不够可多复制两个图层，并将图层副本混合模式改为"叠加"，效果如图 4.1.2.7 所示。

图 4.1.2.6　绘制底部发光效果　　　　　图 4.1.2.7　复制发光效果并修改为"叠加模式"

6. 制作中间部分发光效果。新建图层，用画笔工具（笔刷 300）调整到合适大小，在"7"字中间单击，制造中间发光效果，将图层混合模式改为"叠加"。为了使发光效果更强烈，可以多复制两个图层。再复制多个图层并移动位置，做出背景光圈效果。如图 4.1.2.8 和图 4.1.2.9所示。

图 4.1.2.8　制作中间发光效果

图 4.1.2.9　绘制光点装饰

7. 选择画笔工具，修改画笔设置并绘制背景的光点装饰效果，画笔设置参数如图 4.1.2.10所示。

图 4.1.2.10　画笔设置

8. 为了表现更强的冲击力和炫动感，在文字上还可增加动感光线效果。新建图层，绘制白色小点，按 Ctrl+T 快捷键自由变换，调整效果如图 4.1.2.11 所示。并将其图层混合模式改为"叠加"。将做好的光线效果复制多个放置在小文字周围的合适位置，并参考之前光点的画笔预设，在光线周围绘制几个小的光点，效果如图 4.1.2.12 所示。

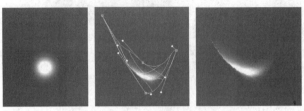

图 4.1.2.11　绘制动感光线

图 4.1.2.12　增减光点效果

9. 为了使画面效果更好，需要通过色彩平衡进一步调整颜色。在图层面板选择"创建新的填充或调整图层"［　］—"色彩平衡"并设置，如图 4.1.2.13 所示。

图 4.1.2.13　调整色彩平衡

10. 最终效果如图 4.1.2.1 所示。

 归纳小结

本任务主要了解点构成的视觉表现、创作来源以及如何运用点构成表达设计语言。

知识目标:

（1）了解点构成的表现原则;

（2）了解如何应用 Photoshop 的图层样式效果创建文字效果。

能力目标:

（1）能够具备熟练运用画笔设置工具制作新画笔的能力;

（2）能够具备熟练使用图层混合模式制作特效的能力。

任务 4.2　线构成海报的设计表现

◉任务要求

首席设计师交给小艺一个海报设计项目，要求她根据海报项目的特点设计完整的海报。小艺通过对项目的分析，觉得此项目可以通过中国风格的表现来突显海报的设计感和特色。海报的表现方式有很多，利用线的构成来表现某些海报产品的韵律美是很多设计师常用的方法。

4.2.1　线构成海报的表现——"吉祥茶社"海报设计制作

◉任务描述

小艺要为吉祥茶社设计一幅开业宣传海报，为了与茶社宁静、淡雅的风格相匹配，她巧妙地勾勒出了一个茶壶的图案，并在茶壶上写出"开业大吉"四个字。

设计的重点是从茶壶中升起的"水汽"，使用云纹图像通过适当的变化处理，使之保持了云纹的基本形态，同时又形象地模拟出水汽升起时的层次感。本作品中存在三处"变化与统一"，其中白色云纹与圆点属于本案例重点讲解的造型变化与统一,而蓝色云纹则主要用到了大小及角度上的变化与统一的构成方法。最终效果如图 4.2.1.1 所示。

图 4.2.1.1　最终效果

▣相关知识

平面设计中，用线为主题来表现设计的案例比较常见。线的表现方式多种多样，运用不同类型的线能表现出不同的设计情感。线是具有位置、方向和长度的一种几何体，可以把它理解为点运动后形成的。与点强调位置和聚集不同，线更强调方向与外形。直线的适当运用对于作品来说，有标准、现代、稳定的感觉，我们常常会运用直线来对不够标准化的设计进行纠正，适当的直线还可以分割平面。曲线给人感觉柔美、婉约，曲线的整齐排列会使人感觉流畅，让人想象到头发、羽絮、流水等，有强烈的心理暗示作用，而曲线的不整齐排列会使人感觉混乱、无序以及自由。

🖱 实现方法

1．打开 Photoshop CS6，按 Ctrl+N 快捷键新建一个文件，弹出的对话框如图 4.2.1.2 所示。

2．在图层面板中单击"创建新的填充或调整图层"按钮 ，在弹出的菜单中选择"渐变"命令，设置弹出的对话框如图 4.2.1.3 所示，得到如图 4.2.1.4 所示的效果，同时得到"渐变填充 1"图层。

图 4.2.1.2　新建文件

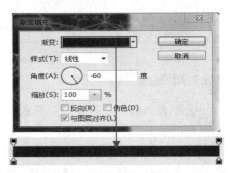

图 4.2.1.3　填充背景

提示：在"渐变填充"对话框中，所使用的渐变从左到右的色标颜色值依次为#1c1c1c 和#690202。

3．新建一个图层，命名为"图层 1"。设置前景色的色值为#ce4b0b，在工具箱中选择椭圆选框工具 在画布中绘制椭圆形图像并填充，如图 4.2.1.5 所示。

图 4.2.1.4　背景效果

图 4.2.1.5　绘制椭圆

4．在菜单栏中执行"滤镜"—"模糊"—"高斯模糊"命令，在弹出的对话框中设置半径为 80，单击"确定"按钮退出对话框，得到如图 4.2.1.6 所示的效果。

5．新建一个路径，得到"路径 1"，结合钢笔工具 和椭圆选框工具 ，在选项条上选择"路径"按钮 及"添加到路径区域（+）"按钮 ，在上面绘制的椭圆形上方绘制茶壶形状路径，如图 4.2.1.7 所示。

图 4.2.1.6　高斯模糊

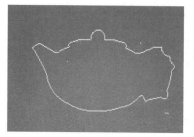

图 4.2.1.7　绘制茶壶形状路径

6. 在图层面板中单击"创建新的填充或调整图层"按钮，在弹出的菜单中选择"渐变"选项，设置弹出的对话框如图 4.2.1.8 所示，得到如图 4.2.1.9 所示的效果，同时得到"渐变填充 2"图层。

图 4.2.1.8　设置渐变

图 4.2.1.9　填充壶身渐变

提示：在"渐变填充"对话框中，所使用的渐变类型的色标颜色值从左至右依次为#4e120d 和#7e1b07。

7. 重复步骤 5 和步骤 6，绘制出茶壶柄和茶壶盖，效果如图 4.2.1.10 所示。

提示：在"渐变填充"对话框中，茶壶柄所使用的渐变类型的色标颜色值从左至右依次为#6d1106 和#750e04。茶壶盖所使用的渐变类型的色标颜色值从左至右依次为 # 5d1001 和 #7f1a07。

8. 在图层面板中单击"添加图层样式"按钮，在弹出的菜单中选择"描边"选项，设置弹出的对话框如图 4.2.1.11 所示（颜色与前面为"形状 1"图层添加的"描边"图层样式的颜色相同）。用相同的步骤对茶壶柄和茶壶盖进行描边，得到如图 4.2.1.12 所示的效果。

图 4.2.1.10　填充壶盖渐变

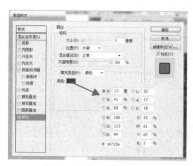

图 4.2.1.11　图层样式

9. 下面将在茶壶上面添加文字。切换至路径面板，新建一个路径，得到"路径 4"，在工具箱中选择钢笔工具，在其选项条上选择"路径"按钮及"添加到路径区域（+）"按钮，在壶身的底部绘制路径，如图 4.2.1.13 所示。

图 4.2.1.12　描边效果

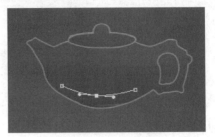

图 4.2.1.13　绘制路径

10．在工具箱中选择横排文字工具 T ，在其选项条上设置适当的字体和字号，将光标置于路径的左侧，当光标变为 T 状态时单击，以插入文本光标，然后输入文字"吉祥茶社"，同时得到一个对应的文字图层，如图 4.2.1.14 所示。

11．用同样的操作方法再制作下面另一条路径绕排文字，得到如图 4.2.1.15 所示的效果。

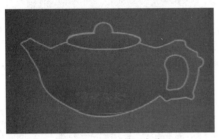

图 4.2.1.14　输入文字

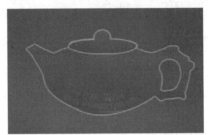

图 4.2.1.15　输入文字

12．在工具箱中选择横排文字工具 T ，并在其选项条上设置适当的字体、字号等参数，在路径绕排文字的上方输入文字"2013"，如图 4.2.1.16 所示。

13．在图层"2013"的名称上右击，在弹出的快捷菜单中选择"转换为智能对象"选项，从而将其转换为智能对象图层，以便于下面对图像进行变换处理时能够记录下变换参数，且在100%的比例内反复变换时也不会导致图像质量下降。

14．在菜单栏中执行"编辑"—"变换"—"变形"命令，以调出变形控制框，分别拖动控制框的各个控制柄以对图像进行变形处理，按 Enter 键确认变换操作，得到如图 4.2.1.17所示的效果。

图 4.2.1.16　输入 2013

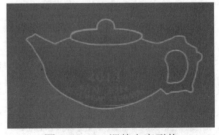

图 4.2.1.17　调整文字形状

15．选择"形状 1"图层，按住 Shift 键单击图层"2013"，以选中两者之间的图层，按Ctrl+G 快捷键执行"图层编辑"操作，将得到的组重命名为"茶壶"，此时的图层面板如图4.2.1.18 所示。

16．设置前景色为白色，选择钢笔工具 ，并在其选项条上选择"形状图层"按钮 ，在画布中绘制一个中式古典卷曲花纹形状，如图 4.2.1.19 所示，同时得到对应的"形状 2"图层。

图 4.2.1.18　创建图层组

图 4.2.1.19　绘制卷曲花纹

17．使用路径选择工具 选中步骤 16 绘制的路径，按 Alt 键复制两次，然后结合钢笔工具 和直接选择工具 调整路径的形态，直至得到如图 4.2.1.20 所示的效果。

18．选中"形状 2"图层的矢量蒙版缩览图，在工具箱中选择椭圆工具 ，在其选项条上单击"添加到形状区域（+）"按钮 ，然后在画布中结合适当的路径运算模式制作得到如图 4.2.1.21 所示的装饰图形。

19．在图层面板中单击"添加蒙版"按钮 ，为"形状 2"图层添加图层蒙版。设置前景色为黑色，选择画笔工具 ，并在其选项条上设置适当的画笔大小及不透明度，在白色图形与杯盖相交的图像上涂抹，以将其隐藏。用同样的方法对"形状 3"和"形状 4"图层进行处理，如图 4.2.1.22 所示。

图 4.2.1.20　绘制多个卷曲花纹

图 4.2.1.21　绘制点状花纹

图 4.2.1.22　涂抹壶盖区域

提示：在设置"不透明度"选项的参数时，可将其设置为 20%。

20．在图层面板中单击"添加图层样式"按钮 ，在弹出的菜单中选择"外发光"选项，设置弹出的对话框如图 4.2.1.23 所示。同时对图层面板中的每一个形状图层进行步骤 20 的处理，得到如图 4.2.1.24 所示的效果。

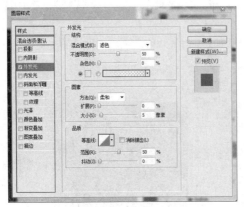

图 4.2.1.23　添加外发光　　　　　　　　　图 4.2.1.24　调整形状

提示：在设置"外发光"选项的参数时，设置颜色块的颜色值为#fefe70，不透明度为 50%。至此，已经基本完成了整个广告的主体图像，下面制作一些装饰内容，使整体看起来更加丰富。

21．将需要添加的相关文字以适当的顺序排列在图中，此时的"图层"面板如图 4.2.1.25 所示。

22．用前面的方法绘制多层次的烟雾图案，填充蓝色。此操作不但丰富了烟雾的造型，也为画面添加了醒目的蓝色，增加了画面的层次感。如图 4.2.1.26 所示。

23．打开素材文件夹 4.2.1 中的"素材图片 1"，使用移动工具🔛将其拖至本案例操作的文件中，得到"图层 5"。使用添加图层蒙版工具🔲和画笔工具🖊将图案中需要的图案显示，不需要的隐藏。需要的图案使用画笔工具🖊，将其不透明度设为 20%。将图像置于海报的左下侧位置，得到如图 4.2.1.27 所示的效果。

图 4.2.1.25　编辑文字　　　　　　图 4.2.1.26　绘制蓝色烟雾　　　　　　图 4.2.1.27　调整形状

提示：在使用颜料桶填充时设置颜色块的颜色值为#34aff8。

24．在图层面板中新建一个图层，背景色设置为无色，使用画笔中的烟雾笔刷，将其设置为适当的大小和颜色后在空白图层上进行绘画。然后按 Ctrl+T 快捷键对其进行变形，直至出现如图 4.2.1.28 所示的效果，最终效果如图 4.2.1.1 所示。

图 4.2.1.28　绘制烟雾

提示：此过程中，设置画笔的颜色值为#edeaea。

4.2.2　线构成海报的设计应用——肚皮舞课程的宣传海报制作

任务描述

　　梵美纤体中心请小艺所在的设计公司设计最新推出的肚皮舞课程的宣传海报，首席设计师将这个设计项目的主体设计交给小艺。小艺通过对客户需求的分析和客户提供的舞蹈图片，决定最终的设计方案以线构成为主。以缠绕的光线为主要元素表现舞蹈的律动感，用散布的光点烘托舞蹈热情的气氛，最终效果如图 4.2.2.1 所示。

图 4.2.2.1　最终效果

实现方法

　　1. 打开 Photoshop CS6，新建文件，设置大小为 1400 像素×2000 像素、分辨率为 300 像素/英寸、颜色模式为 RGB 8 位。背景颜色填充为深蓝色（#1b0e76）。打开素材文件夹 4.2.2 中的"素材 1"。将素材 1 中的舞者图片复制到新建的文档中，如图 4.2.2.2 所示。

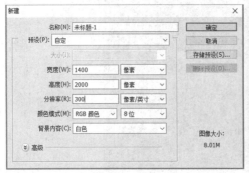

图 4.2.2.2　新建文件置入素材

2．选择"舞者"图层，按住 Ctrl 键的同时单击"舞者"图层，得到"舞者"选区。单击"选择"—"修改"—"收缩"，设置收缩量为 3 像素。按 Ctrl+Shift+I 快捷键反选，可以得到 3 个像素的"舞者"外框。按 Ctrl+J 快捷键将外框复制到新图层，选择复制出来的新图层，微移新图层，我们可以得到在"舞者"周围勾画出线框的效果，如图 4.2.2.3 所示。

3．选择外框图层，按住 Alt 键多移几次，得到多次重复线框的效果，如运动的重影一般表现舞者舞蹈的动感，如图 4.2.2.4 所示。

图 4.2.2.3　选择素材外框　　　　　　　　　图 4.2.2.4　多次移动外框

4．为了让外框颜色更绚丽，在外框图层上添加图层样式效果。双击外框图层，在"图层样式"对话框中设置"外发光"：混合模式为滤色，不透明度为 75%，方法为柔和，扩展为 8%，大小为 8 像素。设置"渐变叠加"：混合模式为正片叠底。在"渐变编辑器"中设置色值为#ff0000、#00ffff、#ff00ff、#0000ff，如图 4.2.2.5 所示。

5．为了表现舞蹈的绚丽，需在舞者周围添加缠绕的光线。新建图层，用钢笔工具围绕舞者勾画曲线，再在"描边路径"中勾选"模拟压力"。添加图层样式"投影"，设置混合模式为颜色减淡，大小为 10 像素，颜色可设置为黄色，等高线选上弦线▣。设置"外发光"：混合模式为颜色减淡，不透明度为 48%，扩展为 29%，大小为 35 像素，等高线选上玄线▣。设置"内发光"：混合模式为滤色，不透明度为 75%，大小为 13 像素，等高线范围为 50%。设置"颜色叠加"：颜色数值为#fec838，不透明度为 76%。效果如图 4.2.2.6 所示。

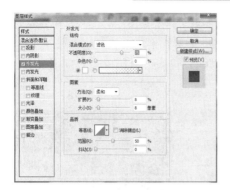

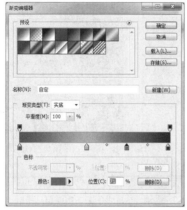

图 4.2.2.5　为外框添加混合模式

图 4.2.2.6　绘制缠绕光线并添加样式效果

提示：描边路径前需先设置画笔工具的笔刷参数，可根据图片需要设置画笔笔刷大小。

6. 用同样的方法使用钢笔工具多画几条曲线，在刚才添加了图层样式的图层上进行"描边路径"，如图 4.2.2.7 所示。如果线条遮挡舞者影响效果，可以用橡皮擦工具将舞者身前的部分线条擦掉，如图 4.2.2.8 所示。

图 4.2.2.7　绘制多条缠绕光线　　　　　图 4.2.2.8　擦去身前部分线条

7. 在背景图层上方新建一个图层，设置线性渐变，做出蓝（#1b0e76）、红（#f81dcf）、黄（#fabf4d）三色渐变，并将图层改为"叠加"模式，如图 4.2.2.9 所示。

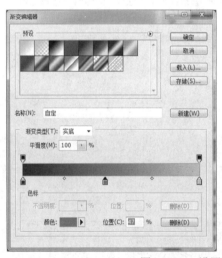

图 4.2.2.9　设置背景渐变

8. 新建图层，在"舞者"的脚下拉出黄色的"径向渐变"，做出脚踏光晕的效果，在上方再新建一个图层，将图层的混合模式改为"滤色"，再在舞者脚尖的位置用画笔点出发光的效果，加强光照中心的效果，如图 4.2.2.10 所示。

9. 在"脚踏光晕"图层的下方新建一个图层，再利用画笔工具（选择 19 号画笔）修改画笔设置绘制背景的光点装饰效果，将光点点在合适的位置上，使整幅海报表现出舞者光芒四射的感觉，参数设置如图 4.2.2.11 所示，最终效果如图 4.2.2.1 所示。

图 4.2.2.10　制作脚踏光晕效果

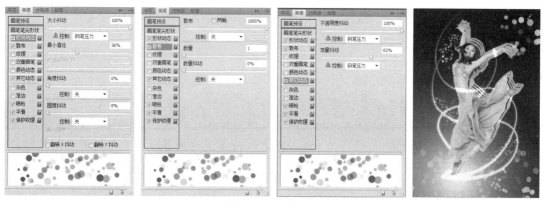

图 4.2.2.11　添加装饰光点

任务 4.3　面构成海报的设计表现

🔘 任务要求

　　首席设计师交给小艺两个设计项目，要求设计企业海报。小艺通过对客户要求和设计文案的分析，认为这两个项目都可以采用中国风设计。只是客户需要表现的内容不同，设计感觉也会各不相同。海报的设计是平面设计中很重要的一个类型。平面设计中，面的构成占有很重要的地位，如何将海报中面的分割表现得恰到好处是很多设计师研究的重点。面的分割可以是对称的，也可以采用黄金分割等不同的形式，面的分割不同，所表现的内容和传达的设计语言也不相同。

4.3.1　面构成海报的表现——"忆江南"海报设计制作

🔘 任务描述

　　如今广告市场中，中国风元素是经常被运用到的，除了宣扬祖国文化之外，中国风的作品也很上档次，有一种独特的韵味，故而被客户喜欢。小艺设计制作的是江南某企业的企业宣传海报，主要以江南风光为主，制作本案例的重点是水墨风格的倒影。最终效果如图 4.3.1.1 所示。

图 4.3.1.1　最终效果

相关知识

点生线，线成面。意思就是说面是由线构成的，线则是由点构成的。几何学里是这样定义面的含意的：面是线移动的轨迹。相信很多人都能理解这一点。点扩大成面，密集也能成面；线转移成面，加宽也能成面。点、线、面之间没有绝对的界限，它们的界限是相对的。

实现方法

1．打开 Photoshop CS6，新建文档，设置参数如图 4.3.1.2 所示。

2．设置前景色为 R：236、G：221、B：197，填充"背景"图层。使用矩形选框工具绘制如图 4.3.1.3 所示的矩形框。

图 4.3.1.2　新建文档

图 4.3.1.3　填充背景色

3．按 Ctrl+J 快捷键将选区中的图像复制到"图层 1"中，然后双击该图层的缩览图，打开"图层样式"对话框，接着单击"图案叠加"样式，选择"纺织（平）"图案，如图 4.3.1.4 所示。

提示：添加图案时，默认系统只有两个图案，我们可以单击图案选择框右侧的下拉箭头，在预览框右侧单击下拉三角，在相应菜单中选择需要的命令。单击"确定"按钮将替换所有，单击"追加"按钮将所选图案追加到当前图案后面。

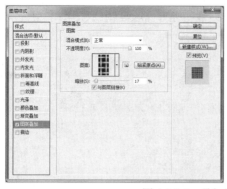

图 4.3.1.4　叠加图案制作纺织效果

4．新建一个"图层 2"，然后同时选中"图层 1"和"图层 2"，按 Ctrl+E 快捷键将其合并为"麻布初步效果"图层；接着按 Ctrl+J 快捷键复制一个"麻布初步效果副本"图层，再设置该图层的混合模式为"滤色"，不透明度为 50%，最后各按 4 次方向键"右"和方向键"下"，效果如图 4.3.1.5 所示。

5．同时选中"麻布初步效果"图层和"麻布初步效果副本"图层，按 Ctrl+E 快捷键将其合并为"麻布背景"图层，然后执行"滤镜"—"模糊"—"高斯模糊"命令，在弹出的"高斯模糊"对话框中设置半径为 1 像素。

6．执行"图像"—"调整"—"亮度/对比度"命令，在弹出的"亮度/对比度"对话框中设置亮度为 88，对比度为 60，效果如图 4.3.1.6 所示。

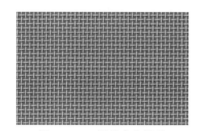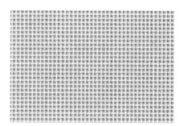

图 4.3.1.5　调整麻布效果　　　　　图 4.3.1.6　调整麻布亮度/对比度

7．执行"滤镜"—"纹理"—"纹理化"命令，在弹出的"纹理化"对话框中进行如图 4.3.1.7 所示设置。

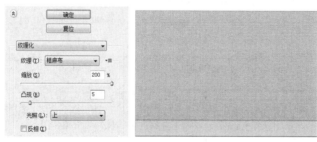

图 4.3.1.7　设置"纹理化"滤镜

8．执行"滤镜"—"模糊"—"高斯模糊"命令，在弹出的"高斯模糊"对话框中设置半径为 1 像素，效果如图 4.3.1.8 所示。

9. 按 Ctrl+T 快捷键进入自由变换状态，然后设置水平和垂直缩放比例，均为 110%，效果如图 4.3.1.9 所示。

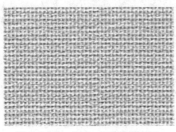

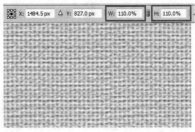

图 4.3.1.8　添加"高斯模糊"　　　图 4.3.1.9　设置水平和垂直缩放比例

10. 交替使用加深工具和减淡工具涂抹出图像的亮部和暗部，完成后的效果如图 4.3.1.10 所示。

图 4.3.1.10　涂抹出图像的亮部和暗部

技巧提示：在使用加深工具和减淡工具时需要在属性栏中勾选"保护色调"选项，之后涂抹出来的亮部和暗部效果就会基于原色调；若不勾选，涂抹出来图像的色调就会改变。

11. 执行"图像"—"调整"—"色相"—"饱和度"命令或按 Ctrl+U 快捷键打开"色相/饱和度"对话框，首先勾选"着色"复选项，具体参数设置如图 4.3.1.11 所示。

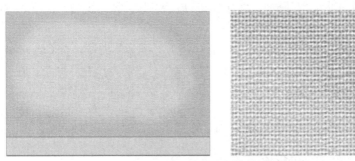

图 4.3.1.11　设置"色相/饮和度"对话框

12. 设置"麻布背景"图层的混合模式为"明度"。

13. 新建一个"湖面背景"图层，使用矩形选框工具绘制一个选区，设置前景色（R：218、G：209、B：190），填充选区，如图 4.3.1.12 所示。

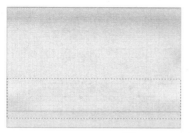
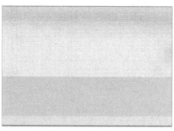

图 4.3.1.12　填充湖面背景

14．执行"滤镜"—"杂色"—"添加杂色"命令，在"添加杂色"对话框中进行如图 4.3.1.13 所示的设置。

图 4.3.1.13　添加杂色

15．执行"滤镜"—"模糊"—"动感模糊"命令，角度为 0，高度为 60。

16．执行"滤镜"—"扭曲"—"波纹"命令，数量为 100%，大小为中。

17．执行"滤镜"—"扭曲"—"水波"命令，在"水波"对话框中进行如图 4.3.1.14 所示的设置。

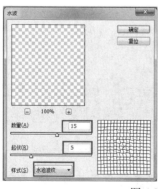

图 4.3.1.14　调整水波效果

18．由于使用了"波纹"和"水波"滤镜，图像边缘产生了起伏效果，而本案例不需要这种起伏效果，可以将其去掉。

19．使用矩形选框工具绘制一个如图 4.3.1.15 所示的矩形框，按 Ctrl+Shift+I 快捷键反选选区，按 Delete 键删除选区中的图像。

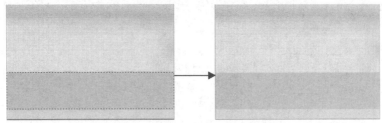

图 4.3.1.15　去掉边缘水波

20．执行"滤镜"—"模糊"—"动感模糊"命令，在对话框中进行如图 4.3.1.16 所示的设置。

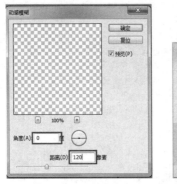

图 4.3.1.16　设置动感模糊

21．执行"滤镜"—"模糊"—"高斯模糊"命令，在对话框中设置半径为 2 像素。

22．按 Ctrl+U 快捷键打开"色相/饱和度"对话框，具体参数设置如图 4.3.1.17 所示。

23．设置前景色（R：105、G：72、B：17），然后使用画笔工具在湖面上绘制出湖水的层次（注意要不断调整画笔工具的"主直径"和"不透明度"），如图 4.3.1.18 所示。

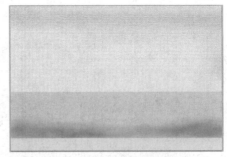

图 4.3.1.17　调整色相/饱和度　　　　　　图 4.3.1.18　绘制湖水层次

技巧提示：在使用画笔工具、加深工具、减淡工具和模糊工具时，按"["键可减小画笔的"主直径"，按"]"键可增大画笔的"主直径"；按 Shift+"["快捷键可减小画笔的"硬度"，按 Shift+"]"快捷键可增大画笔的"硬度"。

24．使用铅笔工具绘制一条类似自然撕边的路径，然后按 Ctrl+Enter 快捷键载入该路径的选区，单击"图层"面板下面的"添加图层蒙版"按钮，如图 4.3.1.19 所示。绘制撕边路径没有严格要求，可以根据想象进行自由绘制。

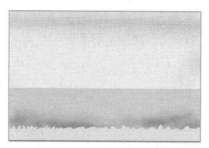

图 4.3.1.19　绘制撕边效果

25．打开素材文件夹 4.3.1 中的"素材 1"文件，使用多边形套索工具勾选出森林。

技巧提示：勾画选区时，只需要勾选出大致轮廓，这里也可以使用套索工具勾选图像，不仅快捷，而且勾选出来的选区更柔滑。

26．使用移动工具把选区中的图像拖拽到"企业海报设计"界面，把新生成的图层命名为"森林"，按 Ctrl+Shift+U 快捷键对图像进行去色，如图 4.3.1.20 所示。

27．按 Ctrl+T 快捷键进入自由变换状态，然后将图像进行变形，设置该图层的混合模式为"正片叠底"，如图 4.3.1.21 所示。

图 4.3.1.20　添加素材

图 4.3.1.21　调整混合模式

28．使用加深工具设置主直径为 175 像素，曝光度为 50%，在森林中间部分涂抹，效果如图 4.3.1.22 所示。

29．按住 Ctrl 键并单击"湖面背景"图层的缩览图，载入图层的选区，按 Delete 键删除选区中的图像，如图 4.3.1.23 所示。

图 4.3.1.22　加深中间部分

图 4.3.1.23　载入图层选区

30．确定"森林"图层为当前图层，按 Ctrl+J 快捷键复制一个"森林副本"图层，执行"编辑"—"变换"—"垂直翻转"命令。

31．确定"森林副本"图层为当前图层，按住 Shift 键的同时使用移动工具将其拖拽到如

图 4.3.1.24 所示位置，制作倒影效果。

32．确定"森林副本"图层为当前图层，设置前景色为黑色，单击"图层"面板下面的"添加图层蒙版"按钮，使用渐变工具选择"前景色到透明渐变"，最后往如图 4.3.1.25 所示的方向在蒙版中拉出渐变。

图 4.3.1.24　制作倒影　　　　　　　　图 4.3.1.25　调整倒影渐变

33．使用渐变后，倒影仍然有明显的不自然痕迹，使用画笔工具设置主直径为 125 像素，不透明度为 40%，在蒙版中将图像涂抹成如图 4.3.1.26 所示的效果。

图 4.3.1.26　涂抹虚化倒影效果

34．选择"森林"图层，然后为其添加一个图层蒙版，使用画笔工具在如图所示的区域涂抹，减淡此区域色调，效果如图 4.3.1.27 所示。

图 4.3.1.27　减淡色调

35．打开素材文件夹 4.3.1 中的"素材 2"，将其拖拽到"企业海报设计"界面中，并将新生成的图层改名为"山"，按 Ctrl+T 快捷键进入自由变换状态，将图形变换近大远小的效果。

36．设置"山"图层的混合模式为"正片叠底"，执行"图像"—"调整"—"去色"命令，如图 4.3.1.28 所示。

图 4.3.1.28　置入素材并去色

37．为了使水面更有层次还需要制作山的倒影，按 Ctrl+J 快捷键复制一个"山副本"图层，执行"编辑"—"变换"—"垂直翻转"命令，将其拖拽到如图 4.3.1.29 所示的位置，设置不透明度为 50%。

图 4.3.1.29　制作山倒影

38．确定"山副本"图层为当前图层，按 Ctrl+T 快捷键自由变换，将其缩小到合适的大小。

39．为"山副本"添加一个图层蒙版，使用画笔工具在蒙版中将其涂抹成如图 4.3.1.30 所示的效果。

40．打开素材文件夹 4.3.1 中的"素材 3"，并拖拽到"企业海报设计"界面，将该图层更名为"房子"，按 Ctrl+T 快捷键进入自由变换状态，如图 4.3.1.31 所示。

图 4.3.1.30　涂抹虚化倒影

图 4.3.1.31　加入房子素材

41．将图层的混合模式设置为"变暗"，然后拖拽到图像中间位置。

42．使用多边形套索工具将别墅所在区域勾选出来，然后按 Ctrl+Shift+I 快捷键反选区域，按 Delete 删除区选，如图 4.3.1.32 所示。

43．选择减淡工具，设置主直径为 70 像素，曝光度为 40%，在树周围的蓝色区域反复涂抹，消除蓝色背景，如图 4.3.1.33 所示。

图 4.3.1.32　选择所需区域

44．按 Ctrl+J 快捷键复制一个"房子副本"，然后执行"编辑"—"变换"—"垂直翻转"命令，将其拖拽到湖边缘位置，按 Ctrl+T 快捷键调整大小。

45．设置混合模式为"正片叠底"，不透明度为 35%，使用减淡工具在图像的下边缘涂抹，使其融入湖面，如图 4.3.1.34 所示。

图 4.3.1.33　消除蓝色背景　　　　　　　图 4.3.1.34　制作房子倒影

46．打开素材文件夹 4.3.1 中的"素材 4"，然后拖拽到"企业海报设计"界面中，将图层命名为"树"，设置混合模式为"正片叠底"，如图 4.3.1.35 所示。整个海报的背景和布局做完后，现在开始制作海报上的其他元素。

图 4.3.1.35　加入树素材并去掉背景

47．画面下方的水面有点空，可以绘制几条鱼。使用钢笔工具绘制一个如图 4.3.1.36 所示的路径。

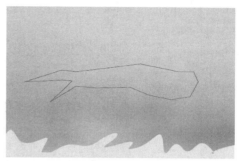

图 4.3.1.36　绘制鱼路径

48．设置前景色为 R：205、G：64、B：60，新建一个图层，命名为"鱼"，按 Ctrl+Enter 快捷键载入路径的选区，按 Alt+Delete 快捷键填充选区，如图 4.3.1.37 所示。

49．为了增加鱼的立体感，选择减淡工具，设置主直径为 30 像素，曝光度为 50%，在鱼图像的眼睛和身体部位涂抹，如图 4.3.1.38 所示。

图 4.3.1.37　填充颜色　　　　　　　　　　　图 4.3.1.38　涂抹减淡效果

50．鱼的各个部位均有明显轮廓，在使用减淡工具时，可将笔刷硬度设置为 0%，然后在图像中涂抹弱化轮廓效果。

51．执行"滤镜"—"液化"命令，在对话框中单击"向前变形工具"，设置画笔大小为 10，画笔压力为 50，然后在如图 4.3.1.39 所示区域涂抹出起伏轮廓效果。

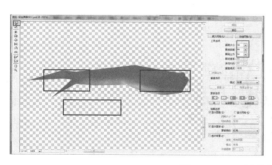

图 4.3.1.39　液化滤镜调整鱼身形状

52．采用同样方法制作其他鱼，并让其他鱼大小不一，产生近大远小的效果，且增加画面的层次感。完成后效果如图 4.3.1.40 所示，选中所有鱼图层，按 Ctrl+E 快捷键将其合并为"鱼"图层。

图 4.3.1.40　绘制鱼群

53．使用直排文字工具在画面中输入相应文字信息，最终效果如图 4.3.1.1 所示。

4.3.2　面构成海报设计的应用——"中山首府"海报设计制作

◉ 任务描述

如今市场上的海报设计中，中国元素的运用越来越被重视，小艺根据设计文案和客户提出的要求，决定采用以面构成为主的设计来安排设计元素，以中国风为主题设计某房地产企业的宣传海报，用中国传统的家具与现代高楼大厦做合成，表现出中西合璧、古今合璧的设计特点，最终效果如图 4.3.2.1 所示。

图 4.3.2.1　最终效果

◉ 相关知识

平面构成的分类：自然形态和抽象形态。

有规律组合：具有节奏感，运动感，近深感，整齐划一。

无规律组合：比较自由，造型上产生张力和运动感，增强视觉上的清晰度和醒目度。

对称概念：对称是对象用对折的方法基本上可以重叠的图形，两个同一形的并列与对齐最容易得到对齐，并且最简单。

平衡概念：在平衡器上两端承受的重量由一个支撑点支撑，当双方获得力学上的平衡状态时称为平衡。

平衡与对称关系：平衡的不一定对称，对称的一定平衡。

平衡特点：平衡在视觉上显得比对称更加活泼。

实现方法

1. 打开 Photoshop CS6，执行"文件"—"新建"命令，按如图 4.3.2.2 所示设置对话框。

2. 导入素材文件夹 4.3.2 中的"素材图片 1"并按 Ctrl+T 快捷键变形，拉至如图 4.3.2.3 所示。

图 4.3.2.2　新建文件

图 4.3.2.3　导入素材

3. 打开素材文件夹 4.3.2，导入"素材 2"，为了让云层更加自然，可将素材图片的云层拉大。单击图层面板上的"添加图层蒙版" 命令，用合适的笔触涂抹蒙版，叠加云层效果如图 4.3.2.4 所示。

图 4.3.2.4　加上天空素材

4. 新建一个图层，绘制云层暗角，设置前景色（R：0、G：71、B：87），使用画笔工具绘制和叠加效果，如图 4.3.2.5 所示。

5. 打开素材文件夹 4.3.2，导入"素材 3"和"素材 4"，将素材放置在如图 4.3.2.6 所示的位置。

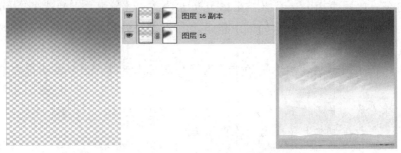

图 4.3.2.5 绘制云层暗角

图 4.3.2.6 导入绿树和高楼

6. 导入"素材 5"并将其放在前景的位置,效果如图 4.3.2.7 所示。

7. 根据之前所学,利用渐变工具绘制围栏,并使用矩形工具绘制玻璃,填充颜色(R:244、G:248、B:252),为所绘制矩形图层添加蒙版,涂抹方向与效果如图 4.3.2.8 所示。

图 4.3.2.7 放入另外的树木素材　　　　图 4.3.2.8 绘制围栏

8. 导入古典门和灯笼素材,给灯笼图案加外发光,营造室内室外的层次效果。设置参数和效果如图 4.3.2.9 所示。

图 4.3.2.9　给古典灯笼添加外发光

9．处理下部地板的效果，为迎合古典木门的中国传统风格，下部的地板可以添加木质地板。给木质地板图层添加蒙版，涂抹效果如图 4.3.2.10 所示。

图 4.3.2.10　加入木地板并添加蒙版

10．新建一个图层，添加凳子素材，使用画笔工具，前景色设置为黑色，涂抹出凳子的阴影效果。如果觉得绘制的阴影效果不够自然，可以使用"滤镜"—"模糊"—"高斯模糊"命令把涂抹阴影自然化，效果如图 4.3.2.11 所示。

图 4.3.2.11　添加凳子并模糊背景

11．其他素材的摆放与阴影效果如图 4.3.2.12 所示。

12．为了让地面雾气效果更加自然，新建一个图层，前景色设置为 R：210、G：210、B：203，用柔和的笔刷绘制雾气，如图 4.3.2.13 所示。

13．新建一个图层，排版文字，效果如图 4.3.2.14 所示。

14．将中山首府 LOGO 排版到界面中，如图 4.3.2.15 所示。

图 4.3.2.12 摆放其他素材

图 4.3.2.13 绘制雾气效果

图 4.3.2.14 排版文字

图 4.3.2.15 添加 LOGO

15. 最终效果如图 4.3.2.1 所示。

 归纳小结

本节任务主要了解海报设计的要求以及如何用 Photoshop 的图层蒙版和混合模式设计海报效果，完整地制作出商业海报。

知识目标：

（1）了解海报设计的要求；

（2）了解 Photoshop 的图层功能；

（3）了解 Photoshop 的混合模式的使用功能。

能力目标：

（1）能够具备熟练运用海报设计的要求原则设计出符合主题的海报的能力；

（2）能够具备熟练使用 Photoshop 的图层蒙版融合画面的能力；

（3）能够具备熟练使用 Photoshop 的颜色调整工具、调整色彩效果的能力。

 IT 工作室

根据以上案例的设计分析，设计一套符合商品风格的海报，设计效果可参考图 4.3.2.16。

图 4.3.2.16　设计效果

 项目总结

本项目主要掌握的知识和技能:
(1)掌握海报的设计方法;
(2)了解海报的设计流程;
(3)理解海报的设计类型;
(4)能够把握海报的风格;
(5)能够使用通道和蒙版工具调整画面,综合使用工具绘制和修饰画面。
通过本项目的学习,了解海报的设计方法,尝试练习设计制作完整的海报。

 综合实训

规划设计儿童食品海报。
要求:
(1)风格明确,合理规划设计定位和设计语言表达方式;
(2)设计感强,配色和谐;
(3)海报需展示物品效果;
(4)设计三个左右统一风格、不同配色的海报;
(5)可以尝试使用剪贴蒙版和滤镜工具制作海报合成特效。

模块 5
用户界面设计与制作

　　用户界面是指人与机器之间互动、沟通、交流的一个层面，也就是我们所说的界面。用户界面设计是屏幕产品的重要组成部分，它是以用户为中心，使产品使用简单并能愉悦大众的设计方式。用户界面设计主要包括结构设计、交互设计和视觉设计，而在这里需要我们设计时重点强调它的视觉部分。小艺进入到设计公司已经一年多了，基本的设计能力都已经成熟，最近首席设计师安排她接了一系列用户界面的设计任务，她需要根据设计团队前期的用户研究和交互设计方案，确定最终的视觉设计方案，比如界面风格材质的选取、色彩的搭配表现等。因此研究用户界面的视觉设计规律和技巧具有现实意义，这也是一个合格的用户界面设计师必须掌握的设计技能。

📖 解决方案

　　通常用户界面项目中的视觉设计重点要注意界面布局的简洁性，易于理解和使用，减少失误。优秀的用户界面在结构设计的基础上，还会参照目标群体的心理模型和任务达成进行视觉设计，包括色彩、字体、页面等。视觉设计要达到用户愉悦使用的目的，其设计风格和色彩也必须与内容一致，并能准确地传达产品信息。设计时有以下几点注意事项：

　　（1）界面清晰明了，允许用户定制界面。

　　（2）减少短期记忆的负担，让计算机帮助记忆，例如 User Name、Password、IE 进入界面地址可以让机器记住。

　　（3）依赖认知而非记忆，例如打印图标的记忆、下拉菜单列表中的选项。

　　（4）提供视觉线索，图形符号的视觉刺激；GUI（图形界面设计）中的 Where，What，Next Step。

　　（5）提供默认（default）、撤销（undo）、恢复（redo）的功能。

　　（6）提供界面的快捷方式。

　　（7）尽量使用真实世界的比喻，例如电话、打印机的图标设计，尊重用户以往的使用经验。

　　（8）完善视觉清晰度，条理清晰，图片、文字的布局和隐喻不要让用户去猜。

　　（9）界面的协调一致，如手机界面按钮排放，左键肯定，右键否定，或按内容摆放。

（10）同样的功能用同样的图形。

（11）色彩与内容，整体软件不超过 5 个色系，尽量少用红色、绿色。近似的颜色表示相近的意思。

能力要求

通过本项目的知识学习和技能训练，要求具备以下能力：

（1）能够根据用户需求来搭配合适的界面风格；

（2）能够规划和设计恰当的界面布局；

（3）能够制作界面中合适的界面特效。

任务 5.1　用户界面中的按钮设计制作

任务要求

首席设计师交给小艺三个设计项目，要求根据用户界面项目的风格配上合适的按钮。小艺根据对项目的分析，觉得三个项目各有不同，风格和表现方式都各有特点，主要还是通过质感表现来配合不同项目的需要。这里需要了解不同质感的特性，把握不同风格和质感的搭配关系，并在设计中恰当地运用材质设计的相关知识，更好地表达设计主题。

5.1.1　木纹质感按钮设计制作

任务描述

这是一个以中国古代神话故事为背景的游戏登录界面，公司的其他设计师已经设计好了登录界面的画面。需要小艺配上与登录界面相匹配的登录按钮。设计师小艺根据前期的分析结果，觉得这个登录按钮要体现复古怀旧的感觉，决定制作木纹质感的按钮，将木雕花纹图像与金属边缘图像相结合，给人以庄重、华丽的视觉印象，带有一种古典主义的浪漫情调，适合用在这种带有仿古怀旧情调的界面中。木纹质感按钮的制作主要是在一幅木纹纹理图片的基础上，应用图层样式效果创建的。木纹上雕刻的花纹，是通过为花纹图形添加图层样式，创建出凹陷效果，然后更改图层的混合模式，使花纹图形与底层的木纹图像叠加混合后形成的。此外，按钮的金属边缘也是应用图层样式效果创建的，它与木纹的天然肌理效果形成鲜明对比，视觉效果突出，最终效果如图 5.1.1.1 所示。

图 5.1.1.1　最终效果

📽相关知识

不透明低反光材质表现原则：诸如橡胶、木材、砖石、织物和皮革等材质属于不透明低反光的材质，本身不透光且少光泽，光线在其表面多被吸收和漫反射，因此各表面的固有色之间过渡均匀，受到外部环境的影响较少。

设计要遵循以下表现原则：

（1）重点应当放在材质纹路与肌理的刻画上；

（2）表现橡胶、木材和石材等硬质材料时，线条应当挺拔、硬朗，结构、块面处理要清晰、分明，目的是突出材料的纹理特性，弱化光影表现；

（3）表现织物、皮革等软质材料时明暗对比应当柔和，弱化高光的处理，同时避免生硬线条的出现。

🖱 实现方法

1．启动 Photoshop CS6，执行"文件"—"打开"命令，打开素材文件夹 5.1.1.1 中的"背景纹理"文件，如图 5.1.1.2 所示。

2．打开素材文件夹 5.1.1 中的"木质纹样"文件。使用工具箱中的移动工具 ➕，将该文档中的图像拖动到"背景纹理"文档中的相应位置，如图 5.1.1.3 所示。

图 5.1.1.2　加入背景纹理　　　　　　　　图 5.1.1.3　加入木质纹样

3．使用工具箱中的钢笔工具 ✒，在视图中的木纹图像上绘制路径，按下 Ctrl+Enter 快捷键，将路径转换为选区，如图 5.1.1.4 所示。

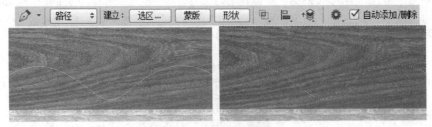

图 5.1.1.4　绘制弧形路径

提示：选择钢笔工具后，在选项栏最左端出现了三个选项，选择"路径"选项，最后绘制出的只会出现路径。

4．确定木纹图像所在的"图层 1"为当前可编辑状态，连续按下 Ctrl+C 快捷键和 Ctrl+V 快捷键，将选区内的图像复制并粘贴到新的图层中（即"图层 2"），然后将其隐藏，如图 5.1.1.5 所示。

图 5.1.1.5　保留所选形状

5. 执行"图层"—"图层样式"—"投影"命令，打开"图层样式"对话框，参照图 5.1.1.6 所示设置参数，为其添加图层样式效果。

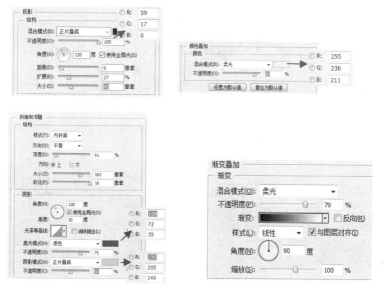

图 5.1.1.6　添加图层样式

6. 在图层面板中复制图层 1，创建出"图层 1 副本"，然后再将"图层 1 副本"拖动到面板的最顶端，并显示"图层 1 副本"。执行"滤镜"—"锐化"—"USM 锐化"命令，参照图 5.1.1.7 对"USM 锐化"对话框进行设置，为图像添加滤镜效果。

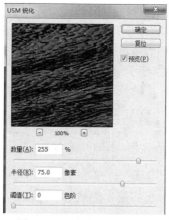

图 5.1.1.7　执行 USM 锐化

提示："USM 锐化"命令可以通过增加图像边缘的对比度来锐化图像。半径越大，边缘效果越明显。但是，如果对图像进行过度锐化，则会在其边缘产生光晕效果。

7．按下 Ctrl+F 快捷键重复前面的滤镜操作，增强锐化效果。然后在图层面板中，对"图层副本"的混合模式和不透明度参数进行设置。接着按下 Ctrl+Alt+G 快捷键，创建剪贴蒙版，如图 5.1.1.8 所示。

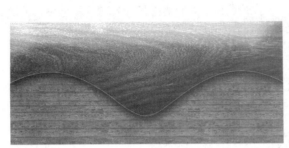

图 5.1.1.8　创建剪贴蒙版

8．在通道面板中单击面板底部的"创建新通道"按钮，新建 Alpha 1 通道，执行"滤镜"—"渲染"—"云彩"命令，制作云彩效果，如图 5.1.1.9 所示。

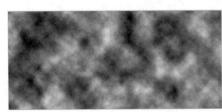

图 5.1.1.9　制作云彩效果

9．选择工具箱中的魔术棒工具，并对选项栏进行设置。在视图内单击"创建选区"，然后执行"选择"—"修改"—"收缩"命令，在打开的"收缩选区"对话框中，将收缩设置为2 个像素，然后单击"确定"按钮关闭对话框，如图 5.1.1.10 所示。

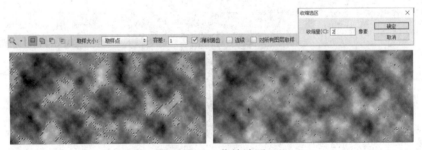

图 5.1.1.10　收缩选区

10．切换到图层面板，确定"图层 1 副本"图层为可编辑状态，单击面板底部的"创建新的填充或调整图层"按钮，在弹出的菜单中执行"亮度/对比度"命令，参照图 5.1.1.11 设置对话框，调整选区内图像的色调。

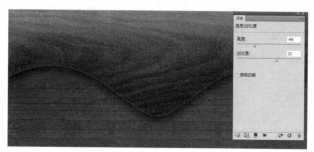

图 5.1.1.11　调整亮度/对比度

提示：如果直接在木质图像上绘制斑点图像，不仅费力气，而且效果还不一定自然。若使用"云彩"命令来进行处理，将会制作出自然的斑驳效果。

11．为该调整图层添加"外发光"和"斜面和浮雕"图层样式效果，如图 5.1.1.12 所示。

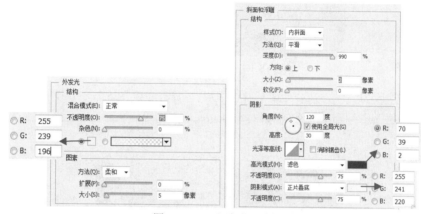

图 5.1.1.12　添加图层样式

12．在图层面板中将"亮度/对比度 1"调整图层的不透明度参数设置为 50%。在按下 Ctrl 键的同时单击"图层 2"前的图层缩览图，将该图层中的图像作为选区载入，然后按下 Ctrl+Shift+I 快捷键，将选区反选，确定"亮度/对比度 1"调整图层为可编辑状态，使用黑色填充选区并取消选区，将选区内的斑点图像隐藏，如图 5.1.1.13 所示。

图 5.1.1.13　调整选区效果

13．使用前面复制的木纹图纹为图像添加图层样式效果。然后再参照前面的步骤创建选区，添加"亮度/对比度"调整图层，并为该调整图层添加图层样式效果，制作出木纹上的斑点图像，如图 5.1.1.14 所示。

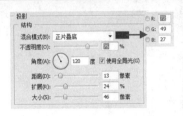  

图 5.1.1.14　制作木纹斑点

14. 在图层面板中新建"图层4"，然后使用钢笔工具 ✒️，在视图中沿图像边缘绘制路径，如图 5.1.1.15 所示。

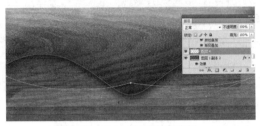

图 5.1.1.15　绘制边缘路径

15. 设置前景色为白色，选择工具箱中的画笔工具，参照图 5.1.1.16 设置选项栏，然后单击路径面板底部的"画笔描边路径"按钮对路径进行描边。接着再单击面板空白处将路径隐藏，如图 5.1.1.16 所示。

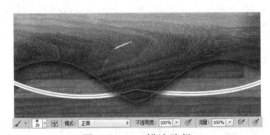

图 5.1.1.16　描边路径

提示：在设置笔刷大小时要根据画面效果来定，太粗会显得呆板，太细效果会不明显。

16. 执行"图层"—"图层样式"—"投影"命令，打开"图层样式"对话框，参照图 5.1.1.17 所示对话框，为下半部分形状添加图层样式效果。

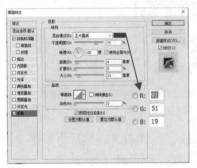 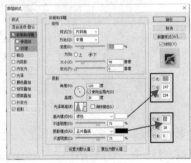

图 5.1.1.17　添加图层样式效果

17．参照前面绘制图像的方法，在图上方制作如图 5.1.1.18 所示的图像效果。

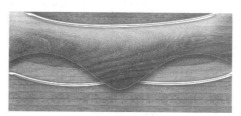

图 5.1.1.18　绘制效果

18．开始绘制中间装饰环形圈，新建一个图层，使用椭圆工具，设置画圆，将环形图像填充为橙色（R：220、G：158、B：80），再调整大小，画一个小圆并删除选区，如图 5.1.1.19 所示。

图 5.1.1.19　绘制环形圈

19．参照图 5.1.1.20 为环形圈添加图层样式，制作出金属效果。

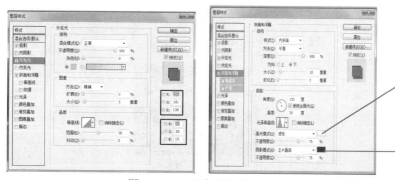

图 5.1.1.20　添加图层样式

20．选择椭圆选框工具，按下 Shift 键，在视图中拖动鼠标绘制一个圆形选区，然后再对木纹图像进行复制并粘贴到新的图层中。接着再参照图 5.1.1.21 为其添加图 5.1.1.22 的图层样式效果。

图 5.1.1.21　环形圈中间木纹效果

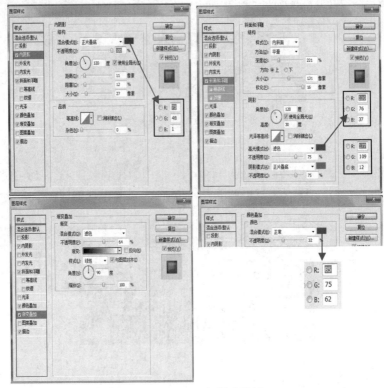

图 5.1.1.22　添加样式效果

21．选择合适的花纹将其拷贝到按钮中去，并对图案的角度和位置进行调整，如图 5.1.1.23 所示。

图 5.1.1.23　添加装饰花纹

22．将花纹图案所在图层的混合模式设置为叠加，然后为其添加"外发光"和"斜面和浮雕"效果，如图 5.1.1.24 所示。

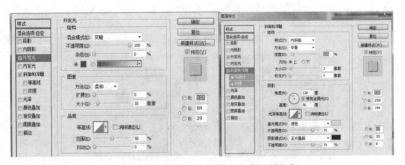

图 5.1.1.24　为花纹添加图层样式

23. 对花纹图案进行复制，然后执行"编辑"—"变换"—"水平翻转"命令进行翻转，接着使用移动工具，将其调整到视图右侧，如图 5.1.1.25 所示。

图 5.1.1.25　制作另一侧花纹

提示：使用移动工具，按下 Alt 键的同时拖动图像也可以对图像进行复制。

24. 最后在视图中添加相关的文字信息和装饰图像，完成本次实例的制作，最终效果如图 5.1.1.1 所示。

 归纳小结

本节内容主要了解用户界面的视觉表现内容、创作来源，以及如何运用不透明低反光材质的表现原则来设计木纹材质按钮。

知识目标：

（1）了解不透明质感材质的表现原则；

（2）了解怎样应用 Photoshop 制作木纹上雕刻的花纹效果；

（3）了解怎样应用 Photoshop 的混合模式使花纹图形与底层的木纹图像叠加混合。

能力目标：

（1）能够具备熟练运用不透明质感材质的表现原则设计出木纹材质的能力；

（2）能够具备熟练使用图层样式效果制作木材质按钮的能力；

（3）能够具备熟练使用混合模式制作木材质按钮的能力。

5.1.2　水晶风格按钮设计制作

 任务描述

小艺的第二项任务是设计一个简洁时尚的音乐播放器界面。某音乐网站需要推出一款简单的音乐播放器，重要是针对现在年轻用户的需求，需要表达出现代时尚、惹人喜爱的感觉。小艺决定设计制作水晶风格按钮，水晶给人晶莹剔透的视觉印象。要制作水晶风格的按钮，就要抓住水晶本身的特殊质感，模拟水晶的外观材质特征，做出光润透明的按钮效果。在绘制前应先分析物体的色彩、明暗、光影变化和光泽变化，然后再通过绘制局部形状、设置颜色、添加透明效果的方法来制作。在绘制过程中要注意光线的统一，这样整幅画面才不会太乱。最终效果如图 5.1.2.1 所示。

图 5.1.2.1　最终效果

相关知识

透明质感表现原则：透明材质在产品设计领域有着广泛的应用。由于具有既能反光又能透光的作用，此类材质虽然光影变化情况复杂，但仍然有几条表现规律可以遵循。

（1）此类材质反射性比较强，亮部存在反射与炫光的特性，因此不易看清内部结构，而暗部反射较少，可以看清内部结构及其后面的环境；

（2）表现透明材质的产品时应当先从暗部入手，表现其内部结构、背景色彩及反射的环境，然后在表现两部分的高光和暗部的反光以及突出其形体结构和轮廓；

（3）材料较厚或表现透明的侧面时，应注意此时的光线会发生反射和折射。这时应重点表现材质自身的反射及环境色；

（4）大多数无色透明材质都偏冷色调，一般为蓝色，而透明材质的亮色和暗色均接近于中间色调。

实现方法

1. 启动 Photoshop CS6，执行"文件"—"新建"命令，参照图 5.1.2.2 对打开的"新建"对话框进行设置，然后单击"确定"按钮，创建一个名为"水晶材质按钮"的新文档。

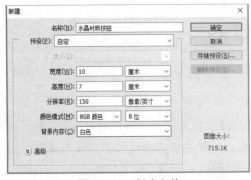

图 5.1.2.2　新建文件

图 5.1.2.3　填充背景色并绘制图形

2. 设置前景色为天蓝色（R：55、G：162、B：255），按下 Alt+Delete 快捷键，使用前景色填充背景。接着单击图层面板底部的"创建新图层"按钮，新建"图层 1"。使用工具箱中的钢笔工具，在视图中绘制出如图 5.1.2.3 所示的路径。

3. 按下 Ctrl+Enter 快捷键将路径转换为选区，设置前景色为深蓝色（R：0、G：30、B：91），然后使用前景色填充选区，按下 Ctrl+D 快捷键，取消选区，如图 5.1.2.4 所示。

图 5.1.2.4　填充选区颜色

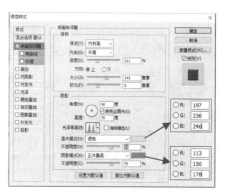

图 5.1.2.5　添加图层样式

4. 执行"图层"—"图层样式"—"斜面和浮雕"命令，打开"图层样式"对话框，参照图 5.1.2.5 设置对话框，为图像添加图层样式效果。

5. 新建"图层 2"，使用钢笔工具绘制左侧区域路径，然后将路径转换为选区。选择工具箱中的渐变工具，参照图 5.1.2.6，在选项栏中对渐变颜色进行设置，然后在选区内绘制渐变色。

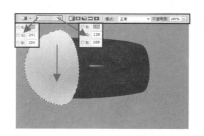

图 5.1.2.6　绘制左侧区域添加渐变

图 5.1.2.7　调整选区

6. 保持选区的浮动状态，执行"选择"—"变换选区"命令，对选区的大小进行调整。调整完毕后，按下 Enter 键完成变换选区操作，如图 5.1.2.7 所示。

提示：另外一种变换选区的操作是，保持选区浮动状态，右击鼠标，从弹出的快捷菜单中选择"变换选区"命令，然后对选区进行调整。

7. 依次执行"选择"—"修改"—"收缩"命令和"选择"—"羽化"命令，参照图 5.1.2.8 进行设置，将选区收缩并羽化。

图 5.1.2.8　收缩、羽化选区

8. 将前景色设置为淡蓝色（R：135、G：195、B：219），新建"图层 3"，使用前景色填充选区，接着将前景色设置为深蓝色（R：67、G：83、B：138），使用画笔工具 在选区内进行绘制，如图 5.1.2.9 所示。

提示：在使用画笔进行绘制的时候，应将图像想象成一个立体的圆球。这样再去绘制，就会根据球体在整个画面中所处的位置及光照角度，有选择地绘制受光面和背光面。

9. 按下 Ctrl 键的同时单击图层面板中"图层 2"前的图层缩览图，将该图层中的图像作为选区载入。按下 Ctrl+Shift+I 快捷键，将选区反选，确定"图层 3"为当前可编辑状态，按下 Delete 键将选区内的图像删除并取消选区，如图 5.1.2.10 所示。

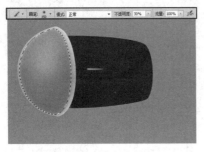

图 5.1.2.9　填充前景色

图 5.1.2.10　载入选区

10. 单击图层面板底部的"添加图层样式"按钮，在弹出的菜单中执行"斜面和浮雕"命令，参照图 5.1.2.11 对打开的"图层样式"对话框进行设置，为图像添加图层样式效果。

11. 新建"图层 4"，设置前景色为白色，选择工具箱中的画笔工具，在选项栏中对画笔进行设置，然后在视图相应位置单击，制作出亮部图像，如图 5.1.2.12 所示。

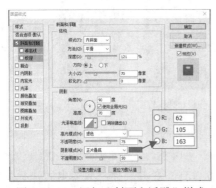

图 5.1.2.11　添加"斜面和浮雕"样式

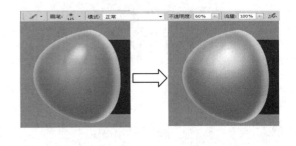

图 5.1.2.12　绘制亮部区域

12. 接下来使用同样的方法，在视图右侧制作出如图 5.1.2.13 所示的图像效果。

13. 使用工具箱中的矩形工具在视图中绘制三个圆角矩形路径，然后使用直接选择工具对路径的形状进行调整，如图 5.1.2.14 所示。

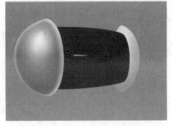

图 5.1.2.13　制作右侧区域

图 5.1.2.14　绘制左侧按钮

提示： 根据图像弧度的大小来调节路径的弧度，在调整的过程中要注意彼此间的透视关系。

14．在图层面板中新建一个图层，按下 Ctrl+Enter 快捷键，将路径转换为选区，使用灰蓝色（R：99、G：146、B：176）填充选区，如图 5.1.2.15 所示。

15．保持选区浮动状态，执行"选择"—"修改"—"收缩"命令，将选区收缩 2 个像素，接着新建一个图层，再次使用与上面一样的灰蓝色填充选区，然后再将选区取消，如图 5.1.2.16 所示。

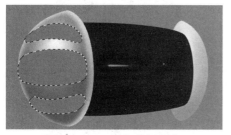
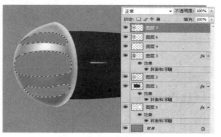

图 5.1.2.15　添加按钮颜色　　　　　　图 5.1.2.16　叠加按钮阴影效果

16．将"图层 6"和"图层 7"的混合模式设置为叠加，然后为"图层 6"添加"内阴影"图层样式效果，如图 5.1.2.17 所示。

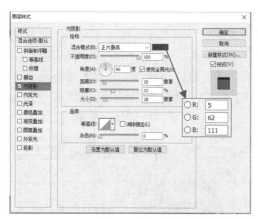

图 5.1.2.17　添加内阴影

提示： 设置图层的混合模式为"叠加"，图案或颜色将在现有像素上增加，同时保留底层基色的明暗对比。

17．在按下 Ctrl 键的同时单击"图层 7"前的图层缩览图，将该图层中的图像作为选区载入，然后在通道面板中单击面板底部的"将选区存储为通道"按钮，创建出 Alpha 1 通道，激活该通道，如图 5.1.2.18 所示。

18．选择工具箱中的矩形选框工具，然后配合"↓"方向键，将选区向下移动 4 个像素，接着使用黑色填充选区并将选区取消，如图 5.1.2.19 所示。

19．执行"滤镜"—"模糊"—"高斯模糊"命令，打开"高斯模糊"对话框，参照图 5.1.2.20 设置对话框，为图像添加模糊效果。

20．在按下 Ctrl 键的同时单击"Alpha1"通道，将该通道作为选区载入，然后切换到图层面板，新建一个图层，使用白色填充选区并取消选区，效果如图 5.1.2.21 所示。

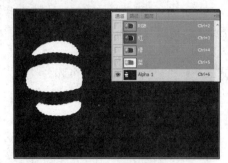

图 5.1.2.18　创建"Alpha 1"通道

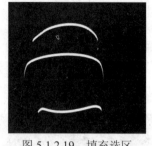

图 5.1.2.19　填充选区

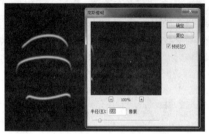

图 5.1.2.20　模糊选区

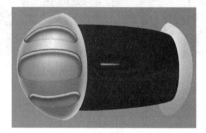

图 5.1.2.21　填充 Alpha1 通道选区

提示：通道是存储不同类型信息的灰度图像，创建 Alpha 通道，将选区存储为灰度图像。可以使用 Alpha 通道创建并存储蒙版，对于一个新的 Alpha 通道，可以使用绘画工具、编辑工具或者滤镜向其中添加蒙版，这些蒙版让操作者可以处理、隔离和保护图像的特定部分。

21．选择工具箱中的横排文字工具，在视图中添加英文"HOME"。然后单击选项栏中的"创建文字变形"按钮，打开"变形文字"对话框。参照图 5.1.2.22 对其进行设置将文字变形。

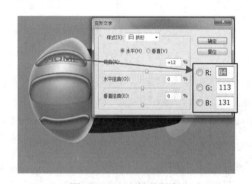

图 5.1.2.22　变形文字

22．对"HOME"文字图层进行复制，创建"HOME 副本"图层，将该图层的混合模式设置为叠加，并将创建的副本文字的颜色设置为白色。接着使用移动工具，将副本文字向左上方稍微移动，制作出文字的立体效果，如图 5.1.2.23 所示。

23．使用同样方法制作出其他两组文字效果，如图 5.1.2.24 所示。

24．将"图层 7"中的图像作为选区载入，接着在图层面板的顶端再新建一个图层，使用深蓝色（R：0、G：13、B：70）填充选区并将选区取消，如图 5.1.2.25 所示。

图 5.1.2.23 复制文字图层制作立体效果

图 5.1.2.24 制作另外两组文字

25．单击图层面板底部的"添加图层蒙版"按钮，为深蓝色图像所在图层添加图层蒙版，使用画笔工具对蒙版进行编辑，将部分图像遮盖，制作按钮的暗部，如图 5.1.2.26 所示。

图 5.1.2.25 新建深蓝色图层

图 5.1.2.26 制作按钮暗部

26．新建一个图层，使用工具箱中的椭圆选框工具绘制一个椭圆形选区，接着按下 Ctrl+Alt+D 快捷键，打开"羽化选区"对话框，设置羽化半径为 1 像素，单击"确定"按钮关闭对话框，接着使用蓝色（R：0、G：131、B：189）填充选区并取消选区，如图 5.1.2.27 所示。

27．参照图 5.1.2.28 复制出其他圆点图像，并分别调整其大小和位置。

图 5.1.2.27 绘制中间椭圆选区

图 5.1.2.28 绘制其他圆点图像

28．使用工具箱中的钢笔工具，在视图中绘制路径，然后将路径转换为选区，新建一个图层，使用深蓝色（R：10、G：25、B：67）填充选区并取消选区，接着参照图 5.1.2.29 为图像添加外发光效果。

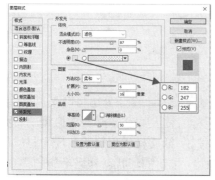

图 5.1.2.29 添加外发光效果

图 5.1.2.30 绘制中间圆形按钮

29．创建一个新图层，设置前景色为蓝色（R：40、G：37、B：152），使用椭圆选框工具。配合 Shift 键，在视图中绘制中间的圆形按钮，如图 5.1.2.30 所示。

30．将刚绘制的圆形按钮作为选区载入，接着再新建一个图层，将前景色设置为淡蓝色（R：186、G：230、B：248），使用画笔工具在选区内绘制出按钮图像的反光效果，然后取消选区，如图 5.1.2.31 所示。

提示：保持选区的浮动状态，在绘制按钮反光时要根据按钮的材质特征绘制高反光的效果。

31．新建一个图层，使用椭圆选框工具，在视图中绘制椭圆选区，然后设置前景色为白色，接着再使用画笔工具，绘制出图像的高光效果，如图 5.1.2.32 所示。

 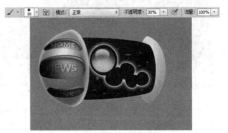

图 5.1.2.31　绘制反光效果　　　　　　图 5.1.2.32　绘制高光效果

32．使用同样的方法制作出其他色调的按钮图像，最终效果如图 5.1.2.1 所示。

 归纳小结

本节内容主要了解用户界面的视觉表现内容、创作来源，以及如何运用透明材质的表现原则来设计水晶材质按钮。

知识目标：

（1）了解水晶质感的表现原则；

（2）了解水晶材质的色彩、明暗、光影变化和光泽变化规律。

能力目标：

（1）能够具备熟练运用水晶质感的表现原则设计出水晶的能力；

（2）能够具备熟练使用水晶材质的色彩、明暗、光影变化和光泽变化规律制作水晶材质按钮的能力。

5.1.3　纸质材质按钮设计制作

 任务描述

小艺的第三项任务是某网站的界面设计，根据用户需求，设计公司将网站风格定位为怀旧风格。其他设计师已经设计好了网站的整体布局和界面，需要小艺搭配与之协调的界面按钮。小艺分析了网站的整体效果，决定设计制作纸质材质按钮，纸质材质也属于亚反光材质的一种，光在纸质材质上呈漫反射状态。纸质按钮的造型很独特，按钮的形状就像用毛边的牛皮纸撕成的一样，给人一种怀旧的视觉感受。毛边的牛皮纸效果形式比较活泼、具有动感，而以黄色为主的色调结合画面中粗糙的纹理以及文字图像又使画面带有一种浓重的怀旧气息。使用多边形套索工具手绘制作出纸张毛边的边缘效果、再使用"添加杂色"滤镜和"彩块化"滤镜，可以创建纸材质的纹理效果。使用画笔工具和"亮度/对比度"命令等，可以绘制出纸张的起伏以及页面上斑驳的线条等图像。在制作过程中，无论使用什么样的表达形式，主要作用都是为内容服务，只有多种形式的合理搭配使用，才能使画面形成一个有机的整体。本项目最终效果如图 5.1.3.1 所示。

图 5.1.3.1　最终效果

相关知识

个性按钮设计原则：

（1）设计按钮要与页面的整体风格协调，不要太抢眼；

（2）有些单调的页面要靠花哨的按钮来点缀；

（3）搭配插图与文字时要考虑字迹清晰、色彩简单，不能超过 4 套颜色；

（4）较长的按钮可能是框架的分解，应尽量纤细一些，否则页面会显得臃肿。

实现方法

1. 运行 Photoshop CS6，执行"文件"—"打开"命令，打开素材文件夹 5.1.3 中的"素材 1"文件，如图 5.1.3.2 所示。

2. 在图层面板中，新建"图层 1"，选择工具箱中的矩形选框工具，参照图 5.1.3.3 在视图内绘制选区，然后将选区填充为黑色并取消选区。

图 5.1.3.2　打开素材

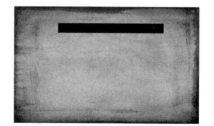

图 5.1.3.3　绘制黑色矩形

3. 使用工具箱中的多边形套索工具，在矩形图像上绘制不规则撕边效果，然后单击"图层 1"面板底部的"添加图层蒙版"按钮，为"图层 1"添加图层蒙版，如图 5.1.3.4 所示。

提示：也可以使用套索工具创建不规则选区，以表现纸张边缘参差不齐的效果。

4. 执行"图层"—"图层样式"—"投影"命令，打开"图层样式"对话框，参照图 5.1.3.5 设置对话框，为图像添加投影效果。

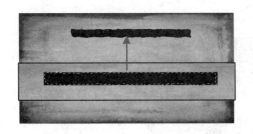

图 5.1.3.4　绘制不规则撕边效果

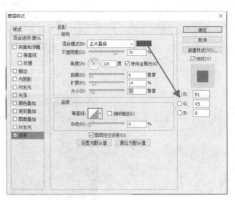

图 5.1.3.5　添加投影样式

5. 新建"图层 2"，根据前面介绍的绘制图像和添加图层蒙版的方法，参照图 5.1.3.6 再次绘制图像，增加画面效果层次。

6. 确定"图层 2"的图层缩览图为激活状态，执行"滤镜"—"杂色"—"添加杂色"命令，打开"添加杂色"对话框，参照图 5.1.3.7 设置对话框，为图像添加杂色效果。

图 5.1.3.6　绘制另一层不规则撕边效果

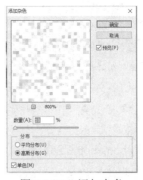

图 5.1.3.7　添加杂色

7. 执行"滤镜"—"像素化"—"彩块化"命令，应用该滤镜效果。选择工具箱中的矩形工具，在视图中绘制矩形路径，如图 5.1.3.8 所示。

8. 使用路径选择工具，选择绘制的矩形路径，然后按下 Ctrl+T 快捷键，执行"自由变换路径"命令。接着配合"→"方向键向右移动路径位置，调整完毕后，按下 Enter 键完成变换路径操作，如图 5.1.3.9 所示。

图 5.1.3.8　绘制矩形路径

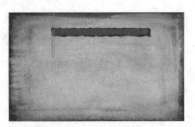

图 5.1.3.9　调整路径位置

9．按下 Ctrl+Shift+Alt+T 快捷键，复制多个该路径变换，如图 5.1.3.10 所示。

提示：两个路径之间间隔的大小取决于在前面步骤中将第一个路径移动距离的长短。

10．按下 Ctrl+Enter 快捷键，将路径转换为选区，执行"选择"—"修改"—"羽化"命令，打开"羽化选区"对话框，参照图 5.1.3.11 设置对话框，将选区羽化。

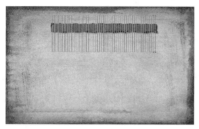

图 5.1.3.10　复制多个矩形路径

图 5.1.3.11　羽化所得选区

11．按 Ctrl+ShIft+Alt 快捷键的同时单击"图层 2"的图层蒙版缩览图，得到一个交叉选区，然后单击图层面板底部的"创建新的填充或调整图层"按钮，在弹出的菜单中执行"亮度/对比度"命令，打开"亮度/对比度"对话框，参照图 5.1.3.12 设置对话框，调整选区内图像的色调。

提示：模拟特殊的纸质效果时其中羽化一定的数值可以使过渡更加自然，使纸张具有高低起伏的质感。

12．参照前面绘制图像的方法，在视图中再绘制一个颜色较浅的图像，并为图像添加"投影"图层样式效果，如图 5.1.3.13 所示。

图 5.1.3.12　调整亮度/对比度

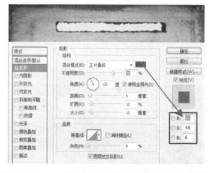

图 5.1.3.13　绘制浅色撕边图像并添加投影

13．按下 Ctrl 键的同时单击"亮度/对比度 1"调整图层的图层蒙版缩览图，将其选区载入。然后确定"图层 3"当前为可编辑状态，单击图层面板底部的"创建新的填充或调整图层"按钮，在弹出的菜单中执行"亮度/对比度"命令，打开"亮度/对比度"对话框，设置亮度为36；对比度为 4，如图 5.1.3.14 所示。

14．按下 Ctrl 键的同时单击"图层 3"图层蒙版缩览图，将其选区载入。然后在图层面板的顶端新建"图层 4"，执行"编辑"—"描边"命令，打开"描边"对话框，参照图 5.1.3.15所示设置对话框，为选区添加"描边"设置对话框，然后将选区取消。

15．为"图层 4"添加图层蒙版，确定前景色为黑色，使用画笔工具对蒙版进行编辑，将部分图像遮盖，如图 5.1.3.16 所示。

图 5.1.3.14　调整亮度/对比度

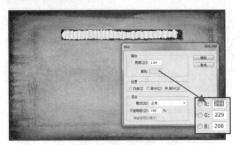

图 5.1.3.15　添加描边效果

16．选择工具箱中的钢笔工具，在视图中绘制路径，然后将路径转换为选区。按下 Ctrl+Shift+C 快捷键合并拷贝选区内的图像，再按下 Ctrl+V 快捷键对图像进行粘贴。接着调整图像的位置，并使用加深工具对图像进行处理，如图 5.1.3.17 所示。

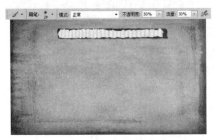

图 5.1.3.16　在蒙版中绘制所需区域

图 5.1.3.17　调整加深混合模式

17．再新建一个图层，参照前面为图像添加描边效果的方法，为该卷边图像添加白色描边效果，如图 5.1.3.18 所示。

18．创建一个新图层，使用多边形套索工具绘制选区，并将选区羽化 1 个像素。然后填充为褐色（R：83、G：50、B：23）并取消选区。调整图层的顺序，制作出卷页的阴影，如图 5.1.3.19 所示。

图 5.1.3.18　添加描边效果

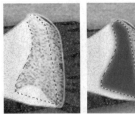

图 5.1.3.19　绘制卷页阴影

19．使用同样的方法制作出左侧的卷边图像，然后在视图中再制作出其他按钮图像，如图 5.1.3.20 所示。

20．新建一个图层，选择工具箱中的画笔工具，然后参照图 5.1.3.21 对选项栏进行设置。完毕后设置前景色为褐色（R：121、G：65、B：6），接着在视图内结合 Shift 键绘制图框图像。

21．为图框图像所在图层添加图层蒙版，然后再使用设置好的画笔对蒙版进行编辑，将部分图像遮盖，效果如图 5.1.3.22 所示。

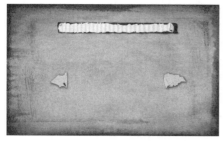

图 5.1.3.20　制作左侧卷叶图形

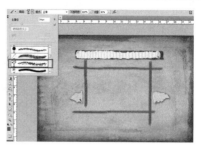

图 5.1.3.21　绘制图框图像

22. 选择合适的水彩画素材图片，使用移动工具，将该图像拷贝到"纸质按钮"文档中。然后对图像的大小和位置进行调整，之后将图像所在图层的混合模式设置为正片叠底，效果如图 5.1.3.23 所示。

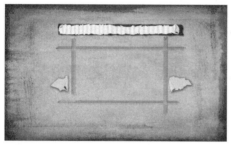

图 5.1.3.22　在蒙版中遮盖部分图像

图 5.1.3.23　添加中心素材图片

23. 最后在视图中添加相关的文字信息和装饰图像完成本实例的制作，最终效果如图 5.1.3.1 所示。

 归纳小结

本节内容主要了解用户界面的视觉表现内容、创作来源，以及如何运用亚反光材质的表现原则来设计纸质材质按钮。

知识目标：

（1）了解个性按钮的表现原则；

（2）了解 Photoshop 的多边形套索工具的手绘功能；

（3）了解 Photoshop 的滤镜效果的材质表现功能。

能力目标：

（1）能够具备熟练运用个性按钮的表现原则设计出纸质效果的能力；

（2）能够具备熟练使用 Photoshop 的多边形套索工具绘制毛边效果纸张的能力；

（3）能够具备熟练使用 Photoshop 的滤镜效果制作纸材质纹理按钮的能力。

 IT 工作室

根据以上三个案例的分析，为一套现代风格的网页界面设计制作一套水晶质感的按钮，设计效果可参考图 5.1.3.24。

图 5.1.3.24 设计效果

任务 5.2 手持移动产品中的图标与界面设计制作

任务要求

首席设计师交给小艺两个设计项目，要求根据用户界面项目的内容风格配上与之相符的图标和界面。这两个项目都是时下最热门的手持移动产品界面和图标设计，整体设计需要符合手持移动产品的界面尺寸，设计需要简洁直观，同时还需准确恰当地配合相关风格，并在设计中恰当地运用图标设计和界面设计的相关知识更好地表达设计主题。

5.2.1 游戏界面中的书籍图标设计制作

任务描述

此项任务是一个具有欧洲中世纪魔幻色彩的游戏，需要设计此款游戏中界面使用的图标，小艺根据对项目的分析，觉得这个项目需要体现出欧洲中世纪的复古怀旧情怀，以其中表现技能和魔幻色彩的图标为例。要想表现出这两个含义，在小艺的脑海里首先想到的是一本魔法书，然后还想到一只正在施魔法的手，还想到了虚幻的技能和发着光的武器。所以本节是要设计一本中世纪具有魔幻色彩的书籍来表现虚幻技能这一特定图标。在设计之前小艺先查找了关于中世纪风格的魔法书图片，最后设计绘制出了一款欧洲中世纪风格的魔法书图标，最终效果如图5.2.1.1 所示。

图 5.2.1.1 魔法书参考素材及最终效果图

相关知识

图标设计的原则：用户界面设计的未来方向是简洁、易用、高效，精美的图标设计往往起到画龙点睛的作用，从而提升软件的视觉效果。现在，图标的设计越来越新颖、更具独创性，图标设计的核心思想是要尽可能地发挥图标的优点，设计要遵循以下表现原则：

（1）可识别性原则，要让浏览者一眼看到就能明白它要表达的意思；

（2）差异性原则，只有图标之间有差异，才能让浏览者关注和记忆；

（3）视觉效果原则，图标追求视觉效果之前要先满足功能，然后追求视觉的多元表现；

（4）创造性原则，在保证图标的实用性基础上，提高图标的创新性，与其他图标相区别。

实现方法

1. 绘制草图，如图 5.2.1.2 所示为设计好的魔法书的铅笔线稿。

2. 打开 Photoshop CS6，新建一个的文件，设置参数如图 5.2.1.3 所示。

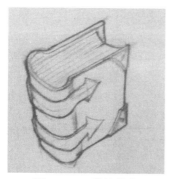

图 5.2.1.2　铅笔线稿

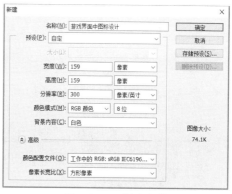

图 5.2.1.3　新建文件

3. 将之前绘制好的魔法书线稿拖到这个文件里，如图 5.2.1.4 所示。

4. 对草图进行处理，调整自动色阶、自动对比度，并且用魔棒工具将背景去掉使之成为线稿，如图 5.2.1.5 所示。

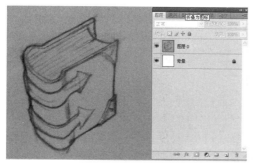

图 5.2.1.4　置入草图

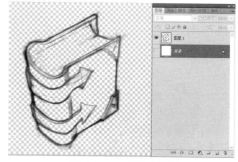

图 5.2.1.5　提取线稿

5. 在线稿下面新建一个图层，用来铺大色调。

6. 用大笔触铺出大块的色彩来强调明暗对比，使用钢笔工具为色块加上一点点阴影，如图 5.2.1.6 所示。

7. 大色调铺好以后就可以开始着手绘制细节了。使用画笔工具来强代明暗关系，如图 5.2.1.7 所示。

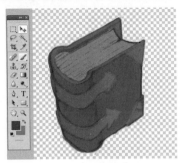

图 5.2.1.6 铺大色调

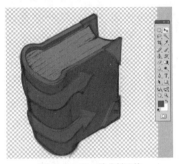

图 5.2.1.7 绘制细节

8．继续深入，这一步着重表现质感，使用画笔工具或者钢笔工具勾出边框，然后填充如图 5.2.1.8 所示的各种颜色。

9．在文件的最上层再新建一个图层，对书籍的正面进行刻画，这时候可以用比较实一点的笔触，如图 5.2.1.9 所示。

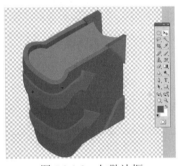

图 5.2.1.8 勾勒边框

图 5.2.1.9 刻画正面

10．通过以上步骤我们可以发现整个图的色调有点偏暗，下面我们就将图的色调调整一下，使用画笔工具将画笔颜色改成偏黄调的颜色，如图 5.2.1.10 所示。

11．在上图中可以看到整个书的侧面阴影看起来有点奇怪，所以下面就用画笔工具调整一下侧面阴影，如图 5.2.1.11 所示，这样看起来会正常很多。

图 5.2.1.10 调整色调

图 5.2.1.11 调整侧面阴影

12．看到上面的效果图，我们会发现书的厚度与旁边的铁片厚度不相称，那么接下来就将书旁边的铁片厚度调厚一点，效果图如图 5.2.1.12 所示。

13．至此，大体模型已经制作完毕，接下来要增加纹样，对书籍的细节进行优化处理，纹样可以用画笔工具画出纹样，或者用钢笔工具勾出形状，然后进行填充，使用两种方法都可以，纹样效果如图 5.2.1.13 所示。

图 5.2.1.12　调整铁片厚度

图 5.2.1.13　勾画纹样

14. 纹样画好之后，要调整纹样的位置，如图 5.2.1.14 所示。

15. 纹样位置调整好之后，接下来调整纹样的反光与凹凸，同样是使用画笔工具，效果图如图 5.2.1.15 所示。

图 5.2.1.14　调整纹样位置

图 5.2.1.15　调整纹样反光

16. 将所有图层合并，调整色相/饱和度。执行"图像"—"调整"—"色相饱和度"命令，打开"色相/饱和度"对话框，然后调整"色彩平衡"，执行"图像"—"调整"—"色彩平衡"命令，打色"色彩平衡"对话框，参数如图 5.2.1.16 所示。

17. 经过上图的调整，发现整个图基本已制作完成，但还有些细节不够完美，接下来就是对细节部分进行调整。分别调整高光部分和明亮部分，同样使用画笔工具，效果如图 5.2.1.17 所示。

图 5.2.1.16　调整饱和度和色彩平衡

图 5.2.1.17　调整高光

18. 至此，细节部分已经刻画完毕，接下来填充一个黑色背景图，最终效果如图 5.2.1.1 所示。

其实，在整个图的制作过程中要适当对整体画面进行调整，以达到更好的效果。

提示：由于本节大多数都是运用画笔工具绘制，可能对于初学者来说有点难度。不过，认真学习本项目，一步步学习绘制会让你进步得更快一些。

 归纳小结

本节内容主要了解图标的设计一定要注重识别性，图标的实际意义就是引导用户做出正确的判断和操作，所以识别性是首先需要解决的问题。在符合识别性要求后要注意的是图标的风格要和游戏的整体风格一致，符合游戏的故事背景。

知识目标：

（1）了解图标设计的表现原则；

（2）了解 Photoshop 绘制图片的方法；

（3）了解 Photoshop 的叠加材质功能。

能力目标：

（1）能够具备熟练运用图标设计的表现原则设计出符合主题的图标的能力；

（2）能够具备熟练使用 Photoshop 绘制不同质感的图标的能力；

（3）能够具备熟练使用 Photoshop 的叠加材质功能制作图标个性材质的能力。

5.2.2　iPhone 手机界面设计制作

任务描述

小艺这个项目是设计 iPhone 的手机界面，根据前期的分析结果，明确了好的手机界面是吸引消费者的关键，而 iPhone 操作系统提供了非常出色的 UI 库，这些标准的控件和视图都得到了大量的研究才得以真正派上用场。另一方面，iPhone 用户已经对这些软件非常熟悉，不管是出于什么理由，如果没有更好更实用的创意，我们都应该遵循 iPhone 的控件规范。所以本案例借鉴制作了 iPhone 其中一个界面。最终效果如图 5.2.2.1 所示。

图 5.2.2.1　最终效果

相关知识

手机界面设计的要求：

随着科技的不断发展，手机的功能变得越来越强大，对于手机界面设计的要求也日益增长，因此手机界面设计的规范性显得尤为重要，应该遵循以下几点表现原则：

（1）界面效果的整体性、一致性，界面的色彩及风格与系统界面统一，操作流程系统化。

（2）界面效果的个性化，在设计界面时，应该结合软件的应用范畴，合理地安排版式，以达到美观实用的目的。而界面的色彩要趋于个性化，保持一种新鲜感。

（3）界面视觉元素的规范设计，图形图像元素的质量要规范，线条色块与图形图像相结合。

实现方法

1. 打开 Photoshop CS6，执行"文件"—"新建"命令，弹出"新建"对话框，对相关参数进行设置，如图 5.2.2.2 所示。

2. 打开素材文件夹 5.2.2 中的"素材 1"载入文档并调至合适位置，如图 5.2.2.3 所示。

图 5.2.2.2　新建文件

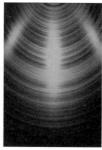
图 5.2.2.3　添加背景素材

3. 为该图层添加蒙版，然后使用渐变工具在图层蒙版中填充黑白线性渐变。设置不透明度为 73%，如图 5.2.2.4 所示。

4. 新建"图层 3"，绘制矩形选框并且填充黑色，如图 5.2.2.5 所示。

图 5.2.2.4　在蒙版中添加渐变

图 5.2.2.5　绘制黑色矩形

5. 新建"图层 4"，绘制矩形选区并填充白色，如图 5.2.2.6 所示。

6. 为"图层 4"添加"斜面和浮雕"图层样式，并对相关参数进行设置，如图 5.2.2.7 所示。

7. 为制作手机通信信号图像，多次复制"图层 4"，并对复制得到的图层进行调整，如图 5.2.2.8 所示。

8. 新建"图层 5"，使用钢笔工具绘制路径，并转换为选区，填充颜色（R：207、G：207、B：207），如图 5.2.2.9 所示。

图 5.2.2.6　绘制白色矩形

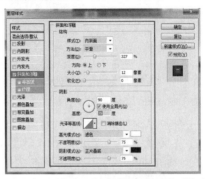

图 5.2.2.7　添加"斜面和浮雕"图层样式

图 5.2.2.8　手机通信信号图形

图 5.2.2.9　制作网络信号图形

9．以相同的方法制作其他图标，如图 5.2.2.10 所示。

10．制作时间和天气框，使用圆角矩形工具在画布中绘制圆角矩形，如图 5.2.2.11 所示。

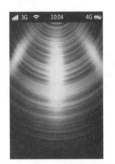

图 5.2.2.10　制作其他图标

图 5.2.2.11　绘制圆角矩形

11．为"形状 1"图层添加"投影"图层样式，并对相关参数进行设置，如图 5.2.2.12 所示。

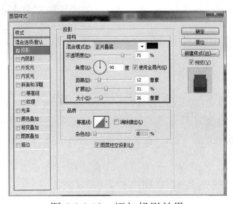

图 5.2.2.12　添加投影效果

12. 选择"渐变叠加"复选框，对相关参数进行设置，如图 5.2.2.13 所示。

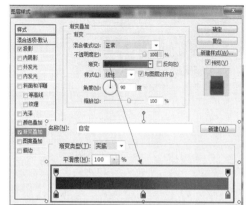

图 5.2.2.13　时间栏渐变设置

13. 输入大小为 92 点的文字，填充为白色，效果如图 5.2.2.14 所示。

14. 现在需要绘制时间天气图标中间分隔小矩形，新建"图层 9"，绘制矩形选区，填充黑色，同上制作渐变效果，如图 5.2.2.15 所示。

图 5.2.2.14　输入文字

图 5.2.2.15　分隔小矩形

15. 为了保持整体图标设计的统一性，制作消息提醒效果也和时间天气图标的效果类似，使用相同的方法，完成相似部分图像效果的绘制，如图 5.2.2.16 所示。

16. 绘制"详情"小图标，新建"图层 16"，绘制正圆选区，设置前景色（R：170、G：170、B：170），如图 5.2.2.17 所示。

图 5.2.2.16　绘制消息提醒效果

图 5.2.2.17　绘制"详情"小图标

17. 绘制"详情"小箭头，使用钢笔工具在画布中绘制路径，将路径转化为选区并删除，如图 5.2.2.18 所示。

18. 将按钮复制，并放置在合适的位置，如图 5.2.2.19 所示。

图 5.2.2.18　绘制

图 5.2.2.19　复制"详情"小箭头

19．其他部分参照上面的制作方法，完成后可以将设计的手机界面应用到手机中并添加背景，使其看起来更加精美，最终效果如图 5.2.2.1 所示。

归纳小结

本节内容主要了解手机界面的设计的设计要求以及如何用 Photoshop 的钢笔工具绘制界面，并完整地制作出手机界面。

知识目标：

（1）了解手机界面设计的要求；

（2）了解 Photoshop 的钢笔工具绘制路径功能；

（3）了解 Photoshop 的形状工具的使用功能。

能力目标：

（1）能够具备熟练运用手机界面设计的要求原则设计出符合主题的界面能力；

（2）能够具备熟练使用 Photoshop 的钢笔工具绘制路径功能制作界面的能力；

（3）能够具备熟练使用 Photoshop 的形状工具的使用功能制作界面的能力。

IT 工作室

根据以上案例的设计分析，针对 iPhone 手机界面设计一套符合其界面风格的手机天气信息界面。设计效果可参考图 5.2.2.20。

图 5.2.2.20　设计效果

项目总结

本项目主要掌握的知识和技能：
（1）掌握用户界面的设计方法；
（2）了解用户界面的设计流程；
（3）理解用户界面设计类型；
（4）能够把握用户界面的风格搭配；
（5）能够根据不同的使用终端，设计不同的用户界面。
通过本项目的学习，了解用户界面的设计方法，尝试练习设计制作完整的用户界面。

 综合实训

规划设计中国古典魔幻主题的手机游戏登录界面。写出规划设计报告，最终实现交互效果。
要求：
（1）风格明确；
（2）设计感强，配色和谐；
（3）登录界面需展示某角色或者道具图标；
（4）设计三个左右统一风格、不同配色的登录界面。

模块 6
包装材质设计与制作

🖥 工作情境

包装是品牌理念、产品特性、消费心理的综合反映，它直接影响到消费者的购买欲。包装是建立产品与消费者亲和力的有力手段。在经济全球化的今天，包装与商品已融为一体。包装作为实现商品价值和使用价值的手段，在生产、流通、销售和消费领域中，发挥着极其重要的作用，是企业和设计者不得不关注的重要课题。包装的功能是保护商品、传达商品信息、方便使用、方便运输、促进销售、提高产品附加值。包装作为一门综合性学科，具有商品和艺术相结合的双重性。小艺进入到设计公司已经一年多了，基本的设计能力都已经成熟，最近首席设计师安排她接了一系列包装的设计任务，她需要根据策划团队前期的市场定位和用户研究设计方案，确定最后的包装设计方案。比如风格、材质的选取，色彩的搭配表现，功能的使用设计等。因此研究包装设计规律和技巧具有现实意义，这也是一个合格的平面设计师必须掌握的设计技能。

📖 解决方案

包装设计方法多样，常运用变形、挤压、叠置、重组、附加、装饰等特定的处理手法来体现其文化内涵，其具体形象特征在包装的风格、样式、图形、色彩、文字、材质等各方面都能反映出来。

包装设计风格各异，设计形式多样，从原始纯朴的民俗民族包装到先锋前卫的现代创意包装，从风格俭朴的传统包装到风格华丽甚至过度豪华的包装等等。即便是同样的白酒酒瓶包装式样，也能设计成粗犷雄健或细腻柔美的两极化风格。各式包装都可以有大小、长短、宽窄的不同设计，以便人们从中自由选择，从而导致了包装流行倾向的不确定、不清晰。

在包装的外形上，传统的包装方式和观念也受到了挑战和冲击，只看白酒包装，单从外观造型上，就有或全包、或透明、或半遮半掩、或繁复、或简约、或粗放、或狭长、或层层叠叠、或参差无序……充满了强烈的个性化和多元化。

而在包装结构上，由综合、清晰转向分解、模糊。解构了以传统立体构筑法设计而成的鲜明结构，将平面造型与立体造型相结合，重新建立包装各部分的结构，使之具有自由、松散、模糊、突变、运动等反常规的结构设计特征，从而形成一种全新的视觉效果。

包装色彩（含图形、字体的组合与变化）上存在低纯度的自然柔和色与高纯度的艳丽醒目色的重叠并行。有的通过异想天开的互斥色彩，来显示包装生动活泼的趣味性和戏剧性。此外，还通过在材料上运用层叠、组合、透明、肌理等设计处理，使色彩产生明暗有序的渐变和无序的变幻，为包装增添无限意趣。

在包装材料上，也呈现出了明显的多样性、丰富性特征，这集中体现在材料的原料种类、形态结构、质地肌理和相互之间的组合对比上。还可以创造性地经常运用变形、镂空、组合等处理手法来丰富材料的外观，赋予材料新的形象，强调材质设计的审美价值。

能力要求

通过本项目的知识学习和技能训练，要求具备以下能力：
（1）能够根据需求分析和把控包装设计风格和方向；
（2）能够使用不同方法为设计作品搭配风格合适的包装；
（3）能够根据画面主体造型选择合适的包装构图设计；
（4）能够根据搭配出色彩和谐统一的包装主体；
（5）能够熟练使用 Photoshop 的钢笔工具绘制出完整的包装图形；
（6）能够根据设计需要熟练综合使用工具准确表现复杂材质。

任务 6.1　包装设计中材质的表现技巧

任务要求

首席设计师交给小艺两个设计项目，要求根据产品风格配上与之相符的包装。小艺根据对项目的分析，觉得两个项目各有不同，风格和表现方式都各有特点，主要还是通过不同材质表现来配合不同的项目需要。这里需要了解不同材质的特性，把握不同风格和质感的搭配关系，并在设计中恰当地运用材质设计的相关知识，更好地表达设计主题。

6.1.1　不透明高反光材质包装设计制作——易拉罐包装设计

任务描述

咖啡是人们日常生活中比较常见的一种物品，市场上的罐装咖啡种类繁多，要具备强大的市场竞争力，除了良好的口感之外包装的设计也是很重要的一部分，在众多商品中脱颖而出，激发消费者购买欲很大程度上取决于包装的设计，如图 6.1.1.1 所示的瓶贴设计和产品的造型都是非常独特的。在材料的选取方面也非常适合推广产品，它主要以不锈钢材料为主，具有使用轻便、便于携带、时尚美观等特点。

咖啡的消费人群主要是以 50 岁以下的中青年为主，小艺为了迎合年轻人对时尚的追求，体现产品张扬的个性，吸引有活力的消费人群的目光，决定采用喷墨式的随机图案，使每个产品都有自己独特的表现形式。在颜色的选择方面主要以红色为主，红色是火的颜色，它象征着兴奋、热情、快乐，还渲染了活泼欢快的气氛，增强产品的品质感和设计感。

主要通过"滤镜"菜单中的命令来制作不锈钢的纹理和水珠，然后通过添加渐变叠加效果来绘制图像的整体效果，从而实现对整体产品的包装设计，最终效果如图 6.1.1.1 所示。

图 6.1.1.1　最终效果

相关知识

不透明高反光材质表现原则：诸如金属、玉石等材质属于不透明高反光的材质，本身不透光但光泽或光线在其表面不被吸收形成反射，因此各表面的固有色之间过渡不均匀，受到外部环境的影响较大。设计时要遵循以下表现原则：

（1）重点应当放在材质纹路与光泽的刻画上；

（2）表现金属、玉石等硬质材料时，线条应当挺拔、硬朗，结构、块面处理要清晰、分明，目的是突出材料的纹理特性，强化光影表现。

实现方法

1．打开 Photoshop CS6，执行"文件"—"新建"命令，打开"新建"对话框，设置名称为"易拉罐包装设计"，设置大小为 11 厘米×10 厘米，分辨率为 170 像素/英寸，颜色模式为 RGB 颜色，如图 6.1.1.2 所示。

2．新建"纹理"图层，使用矩形选框工具绘制选区并填充白色，然后执行"滤镜"—"杂色"—"添加杂色"命令，如图 6.1.1.3 所示。

图 6.1.1.2　新建文件

图 6.1.1.3　添加杂色

3．执行"滤镜"—"模糊"—"动感模糊"命令，设置其参数，如图 6.1.1.4 所示。

4. 新建"身肌理"图层，使用钢笔工具绘制易拉罐形状并转为选区，然后羽化选区并删除多余部分，如图 6.1.1.5 所示。

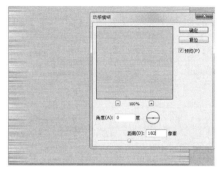

图 6.1.1.4　添加动感模糊　　　　　　　图 6.1.1.5　绘制易拉罐形状

5. 新建"身副本"图层，填充白色，双击图层打开"图层样式"对话框，选择"渐变叠加"复选框并在"渐变编辑器"中调整其参数，如图 6.1.1.6 所示。

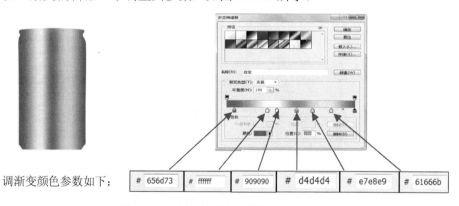

调渐变颜色参数如下：　# 656d73　# ffffff　# 909090　# d4d4d4　# e7e8e9　# 61666b

图 6.1.1.6　添加罐身渐变效果

6. 将"身肌理"图层的不透明度设置为 45%，制造不锈钢的效果。

7. 新建"盖"图层，填充白色，双击图层打开"图层样式"对话框，选择"渐变叠加"复选框，调整其参数，如图 6.1.1.7 所示。

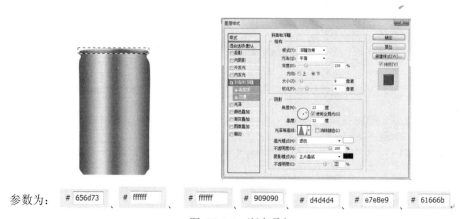

参数为：　# 656d73　# ffffff　# ffffff　# 909090　# d4d4d4　# e7e8e9　# 61666b

图 6.1.1.7　渐变叠加

8．双击"盖"图层，打开"图层样式"对话框，选择"投影"复选框，调整其参数，如图 6.1.1.8 所示。

9．新建"底"图层，填充白色，双击图层打开"图层样式"对话框，选择"渐变叠加"复选框，调整其参数，如图 6.1.1.9 所示。

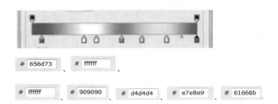

图 6.1.1.8　为易拉罐盖添加投影　　　　　图 6.1.1.9　"底"图层渐变叠加参数设置

10．双击"底"图层，打开"图层样式"对话框，选择"斜面和浮雕"复选框，调整其参数，如图 6.1.1.10 所示。

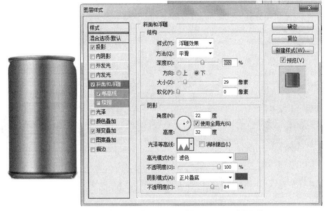

图 6.1.1.10　为"底"添加斜面和浮雕样式

11．双击"底"图层，打开"图层样式"对话框，选择"投影"复选框，调整其参数，如图 6.1.1.11 所示。

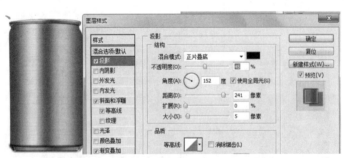

图 6.1.1.11　为"底"图层添加投影样式

12．新建"暗部副本 3"图层，使用多边形套索工具绘制选区并羽化，给图层"暗部副本 3"添加图层蒙版，并使用画笔工具进行涂抹，如图 6.1.1.12 所示。

13．新建"高光副本"图层，使用同样的方法绘制易拉罐的其他高光部分。

图 6.1.1.12　涂抹暗部区域

14. 打开素材文件夹 6.1.1 中的"素材 1 铜锈纹理"，调整其位置和大小，设置图层的混合模式为颜色加深，如图 6.1.1.13 所示。

15. 为"素材 1 铜锈纹理"添加图层蒙版，设置前景色为黑色，打开"画笔预设"选项板，在"画笔笔尖形状"列表中选择合适的笔尖形状进行涂抹，如图 6.1.1.14 所示。

图 6.1.1.13　添加铜锈纹理

图 6.1.1.14　调整位置大小和混合模式

16. 新建"黑色""黄色"图层，使用画笔工具仔细地绘制图案，使其产生强烈的明暗关系，如图 6.1.1.15 所示。

17. 复制"盖"图层和"底"图层，仔细地绘制易拉罐的盖和底的对比度，对图层进行叠加，如图 6.1.1.16 所示。

提示：复制图层并进行堆积，可以起到增加对比度的效果。

18. 新建"水珠"图层，填充黑色，执行"滤镜"—"渲染"—"纤维"命令，设置其参数，如图 6.1.1.17 所示。

图 6.1.1.15　绘制铜锈层次

图 6.1.1.16　调整对比度

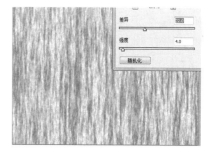

图 6.1.1.17　新建"纤维"效果

19. 设置前景色为黑色，执行"滤镜"—"纹理"—"染色玻璃"命令，设置单元格大小为 7、边框粗细为 4、光照强度为 3，如图 6.1.1.18 所示。

图 6.1.1.18　添加"染色玻璃"效果

20．设置前景色为黑色，然后执行"滤镜"—"素描"—"塑料效果"命令，设置图像平衡为 50、平滑度为 7、光照为上，如图 6.1.1.19 所示。

图 6.1.1.19　添加塑料效果

21．设置前景色为黑色，然后选择魔棒工具，选中黑色区域，设置羽化半径为 0.2 像素，按 Delete 键进行删除，如图 6.1.1.20 所示。

22．取消选区，将图层混合模式改为"叠加"，不透明度设置为 75%，如图 6.1.1.21 所示。

图 6.1.1.20　魔棒选区并羽化　　　　　　　　图 6.1.1.21　修改叠加混合模式

23．单击"添加图层蒙版"按钮，选择画笔工具涂抹多余的部分，然后多复制几个"水珠"图层，进行自由变换，如图 6.1.1.22 所示。

24．新建"红块"图层，填充红色，打开"图层样式"对话框，选择"渐变叠加"复选框，设置其参数，如图 6.1.1.23 所示。

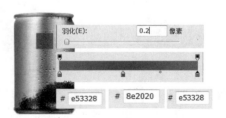

图 6.1.1.22　涂抹"水珠"效果　　　　　　　　图 6.1.1.23　添加渐变叠加

25．添加商标和文字，在添加的时候要注意文字的透明关系，如图 6.1.1.24 所示。

26．为了使操作简单，合并"身纹理""高光""暗部"等图层，并进行自由变换。绘制第二个易拉罐如图 6.1.1.25 所示。

图 6.1.1.24　添加商标和文字

图 6.1.1.25　合并图层并复制

27．继续使用同样的方法绘制易拉罐的盖和底，并使用画笔工具绘制另一个图案，如图 6.1.1.26 所示。

28．使用以上方法继续绘制易拉罐的其他部分，效果如图 6.1.1.27 所示。

图 6.1.1.26　绘制易拉罐的铁锈部分

图 6.1.1.27　添加商标文字

29．为了增强画面的饱满感，根据以上方法继续绘制第三个易拉罐，如图 6.1.1.28 所示。

30．为了使立体感更强，绘制易拉罐的投影。合并第一个易拉罐的所有图层并执行"自由变换"命令进行自由变换，然后添加图层蒙版，设置前景色为黑色，使用画笔工具进行涂抹，如图 6.1.1.29 所示。

图 6.1.1.28　制作第三个易拉罐

图 6.1.1.29　制作中间易拉罐投影

31．继续使用绘制第一个易拉罐投影的方法绘制其他两个包装的投影，如图 6.1.1.30 所示。

32．添加背景素材，调整其位置和大小，如图 6.1.1.31 所示。

图 6.1.1.30　制作三个易拉罐投影　　　　图 6.1.1.31　添加背景

33．为了使背景的层次感更强，且背景的肌理图片不会对前面的肌理造成喧宾夺主的视觉感。还要给"背景"图层添加图层蒙版，并使用渐变工具绘制渐变，如图 6.1.1.32 所示。

34．添加文字效果，并修饰其他多余或残缺的部分，最终效果如图 6.1.1.33 所示。

图 6.1.1.32　为背景添加渐变效果　　　　图 6.1.1.33　添加商标和文字效果

6.1.2　不透明亚光材质包装设计制作——钢铁图案包装设计

任务要求

首席设计师交给小艺一个已经设计好的木盒包装，要求她搭配包装标签设计。小艺经过分析，认为要突出木盒的厚重质感，搭配金属质地的标签更能突显设计的氛围。制作过程主要表现钢铁材质锈迹斑斑的效果，通过应用图层样式塑造图像的立体效果，然后使用多种滤镜工具来制作钢铁材质纹理图像，结合"云彩"命令和应用色彩调整命令来调整钢铁材质特有的锈迹光泽变化，最终效果如图 6.1.2.1 所示。

图 6.1.2.1　最终效果

📑相关知识

　　崭新的钢铁拥有很强的反光性，但布满锈迹的钢铁不具备高反光的特性。亚反光材质表面的反光性较弱，一般情况下不会形成太强烈的高光。在高光区域所形成的光晕呈发散状，一般较柔和，带有一种漫反射的反光特点。带有锈迹的钢铁材质就属于亚反光材质的一种。使用此类材质效果的标签在设计上带有一种仿古、怀旧的风格，给人一种腐蚀、斑驳、老旧、沉重的感觉。

👆 实现方法

　　1. 运行 Photoshop CS6，执行"文件"—"打开"命令，打开素材文件夹 6.1.2 中的"素材 1 钢铁材质"文件，如图 6.1.2.2 所示。

图 6.1.2.2　添加背景素材

　　2. 选择工具箱中的自定形状工具，参照图 6.1.2.3 设置其选项栏，然后按下 Shift 键在文档中绘制路径。

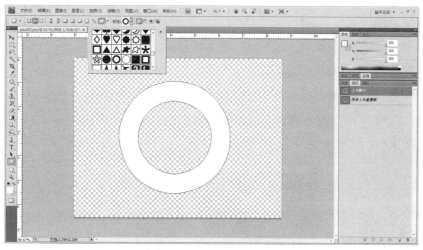

图 6.1.2.3　绘制圆圈形状

　　提示：为了便于观察，在这里暂时将背景隐藏。

　　3. 使用工具箱中的直接选择工具，按下 Shift 键选择内部圆形路径的四个节点，接着按下 Ctrl+T 快捷键执行"自由变换路径"命令，参照图 6.1.2.4 调整其大小，然后按下 Enter 键确认变换操作。

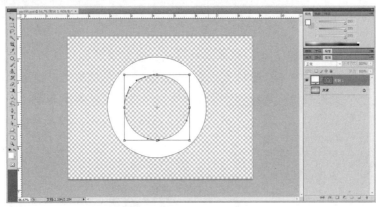

图 6.1.2.4　调整形状大小

提示：在调整里边圆形路径的大小时，按下 Shift+Alt 快捷键的同时拖动鼠标，可以使其以同心方式缩小或放大。

4. 按下 Ctrl+Enter 快捷键将路径转换为选区，单击图层面板底部的"创建新组"按钮 和"创建新图层"按钮 ，新建"组 1"图层组，并在该图层组中新建图层，然后将选区填充为黑色，如图 6.1.2.5 所示。

5. 按下 Ctrl+D 快捷键取消选区。然后执行"滤镜"—"纹理"—"纹理化"命令，打开"纹理化"对话框，参照图 6.1.2.6 设置对话框，为图像添加纹理化效果。

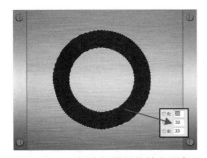

图 6.1.2.5　创建新图层并填充黑色

图 6.1.2.6　添加纹理

6. 执行"滤镜"—"画笔描边"—"强化的边缘"命令，参照图 6.1.2.7 设置打开的"强化的边缘"对话框，边缘宽度为 2、边缘高度为 50、平滑度为 8，为图像添加滤镜效果。

图 6.1.2.7　强化边缘

7. 单击图层面板底部的"添加图层样式"按钮，在弹出的菜单中选择"投影"命令，打开"图层样式"对话框，参照图 6.1.2.8 设置对话框，为图像添加投影和内发光图层样式效果。

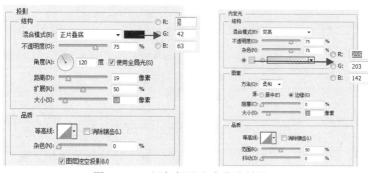

图 6.1.2.8　添加投影和内发光效果

8. 参照上述步骤打开"图层样式"对话框，如图 6.1.2.9 所示进行参数设置，为图像添加斜面和浮雕效果。

9. 单击"图层"面板底部的"添加图层蒙版"按钮，为"图层 1"添加图层蒙版。然后在工具箱中的画笔工具中选择干介质画笔，设置其选项栏如图 6.1.2.10 所示。

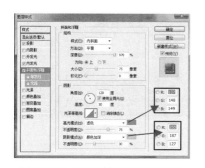

图 6.1.2.9　添加斜面和浮雕效果

图 6.1.2.10　在图层蒙版中绘制炭纸蜡笔效果

10. 参照图 6.1.2.11 所示，使用设置好的画笔对蒙版进行编辑。

提示：选择粗糙的画笔在蒙版上对一部分图像进行遮盖，可以制作出铁质材质边缘破损的效果。使用粗糙的画笔不会使边缘的处理太过生硬。

11. 在图层面板中新建"图层 2"，使用矩形选框工具，在文档中间绘制矩形选区并填充为黑色。接着执行"编辑"—"描边"命令，打开"描边"对话框，参照图 6.1.2.12 设置对话框，为选区添加描边效果并取消选区。

图 6.1.2.11　绘制蜡笔肌理效果

图 6.1.2.12　添加描边效果

12．接下来依次执行"滤镜"—"纹理"—"纹理化"命令和"滤镜"—"画笔描边"—"强化的边缘"命令，参照图 6.1.2.13 分别设置对话框参数，为图像添加滤镜效果。

图 6.1.2.13　添加纹理化和强化的边缘效果

13．执行"图层"—"图层样式"—"投影"命令，打开"图层样式"对话框，参照图 6.1.2.14 设置对话框，为图像添加投影效果。

14．使用椭圆选框工具的同时按下 Shift 键，在视图相应位置绘制一个圆形选区，按下 Delete 键将选区内图像删除，并取消选区。接着为"图层 2"添加图层蒙版，然后使用画笔工具对蒙版进行编辑，效果如图 6.1.2.15 所示。

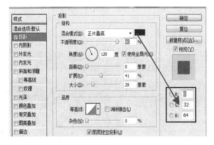

图 6.1.2.14　添加投影效果

图 6.1.2.15　编辑上下竖条效果

15．新建"图层 3"，按下 D 键恢复工具箱中默认的前景色与背景色设置。然后执行"滤镜"—"渲染"—"云彩"命令，为该图层添加云彩效果。

16．按下 Ctrl 键的同时单击"图层 2"的图层缩览图，将该图层中图像的选区载入，接着连续按下 Ctrl+Shift+I 快捷键、Delete 键和 Ctrl+D 快捷键执行将选区反选，删除选区内图像并取消选区等一系列操作。然后设置"图层 3"的混合模式为强光，效果如图 6.1.2.16 所示。

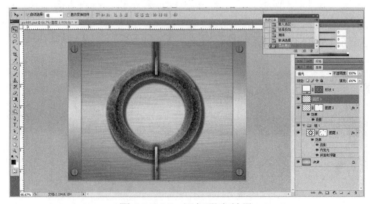

图 6.1.2.16　添加强光效果

提示：更改混合模式为强光，如果设置混合色比为 50% 的灰度亮，则图像变亮，就像过滤后的效果，这对向图像中添加高光非常有用；如果设置混合色比为 50% 的灰度暗，则图像变暗，就像复合后的效果，这对向图像添加暗调非常有用，这样就使得图像出现了明暗变化。

17. 参照以上制作圆环钢铁材质的方法，再制作出图 6.1.2.17 所示的其他钢铁材质图像。

18. 再调整图像中间圆环的颜色效果。先将圆环进行选区，然后将该图像的选区载入，接着单击图层面板底部的"创建新的填充或调整图层"按钮，在弹出的菜单中选择"色相/饱和度"命令，并按图 6.1.2.18 所示设置打开的"色相/饱和度"对话框，设置色相为 27、饱和度为 25，为图像调整色调。

图 6.1.2.17　制作其他钢铁材质　　　　图 6.1.2.18　调整色相饱和度

19. 参照前面制作钢铁材质图像并调整色调的方法，再制作如图 6.1.2.19 所示的图像效果。

20. 单击"组 1"图层组前的小三角，将图层组折叠。然后新建"组 2"图层组并在图层组中新建图层。

21. 设置前景色为浅灰色，使用自定形状工具，参照图 6.1.2.20 绘制花纹图像，接着使用移动工具并在按下 Alt 键的同时拖动花纹图像，将其复制。然后执行"编辑"—"变换"—"水平翻转"命令，将副本图像水平翻转并调整其位置。

图 6.1.2.19　调整钢铁材质颜色　　　　图 6.1.2.20　绘制表面花纹

提示：在使用自定形状工具来绘制图像的时候，按下 Shift 键的同时拖动鼠标可以成比例地放大或缩小。

22. 使用椭圆选框工具，在花纹上下部位绘制圆形选区并填充与花纹图像相同的颜色，按下 Ctrl+E 快捷键将花纹图像所在图层合并。然后在该图层空白处双击，打开"图层样式"对话框，参照图 6.1.2.21 设置对话框，为花纹图像添加图层样式效果并将该图层混合模式改为叠加。

23．复制花纹图像并分别调整位置与旋转角度。然后参照前面制作花纹的方法再制作如图 6.1.2.22 所示的装饰线条图像。

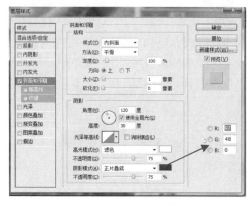

图 6.1.2.21　添加花纹立体效果　　　　图 6.1.2.22　制作其他花纹

24．在图层面板中新建一个图层，设置前景色为白色，接着使用自定形状工具绘制波浪形装饰花纹图像，然后将其复制并调整副本图像的位置，效果如图 6.1.2.23 所示。完成后将绘制的相关花纹图像所在的图层合并。

图 6.1.2.23　制作波浪形装饰花纹

25．使用工具箱中的矩形选框工具，按下 Shift 键绘制一个正方形选区，执行"滤镜"—"扭曲"—"极坐标"命令，打开"极坐标"对话框，选择"平面坐标到极坐标"将花纹图像扭曲。

提示：使用矩形选框工具绘制的正方形选区的宽度要和上面步骤中绘制的花纹图像的宽度一致。选区过大，则花纹图像缺失，组合不成圆形图像；选区过小，则花纹图像会有所剩余。

26．参照图 6.1.2.24 调整花纹图像的大小与位置。然后再为其添加图层样式效果，设置"图层样式"对话框的参数如图 6.1.2.24 所示，最后将该图层的混合模式改为"正片叠底"。

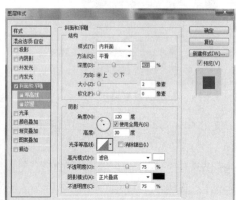

图 6.1.2.24　进一步完善花纹效果

27．执行"文件"—"打开"命令，打开"素材 2 龙"文件。使用移动工具将图像拖移到"钢铁材质按钮背景"文档中，并参照图 6.1.2.25 调整其位置与大小。

28．为了使其与背景图像协调，可以为图像添加图层样式效果，最后将该图层的混合模式改为"正片叠底"，如图 6.1.2.26 所示。

图 6.1.2.25　添加表面龙纹

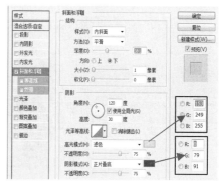

图 6.1.2.26　为龙纹添加图层样式

29．在图层面板最顶端新建一个图层，确定前景色和背景色为默认状态，执行"滤镜"—"渲染"—"云彩"命令，为该图层添加云彩效果。然后按下 Ctrl+Shift 快捷键的同时单击相应图层的图层缩览图，创建钢铁按钮图像的外轮廓选区。使用矩形选框工具，按下 Shift 键加选中间部位的选区，创建出如图 6.1.2.27 所示的选区。

30．分别按下 Ctrl+Shift+I 快捷键和 Delete 键将选区反选并删除选区内图像，然后在图层面板中设置该图层的混合模式为"亮光"，效果如图 6.1.2.28 所示。

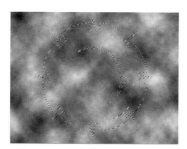

图 6.1.2.27　添加渲染云彩效果

图 6.1.2.28　调整亮光混合模式

归纳小结

本节内容主要了解包装金属配件的设计方法，学习使用图层样式制作金属材质的方法。

知识目标：

（1）了解金属材质的表现特色；

（2）了解 Photoshop 图层样式金属材质的表现方法；

（3）了解 Photoshop 的滤镜和图层样式工具的使用方法。

能力目标：

（1）能够具备熟练运用图层样式制作金属材质效果的能力；

（2）能够具备熟练使用 Photoshop 的形状工具制作包装的能力。

IT 工作室

根据以上案例的设计分析，针对某食品公司设计一套符合其风格的牛奶包装。设计效果可参考图 6.1.2.29。

图 6.1.2.29   设计效果

任务 6.2   纤维包装设计制作

任务要求

首席设计师交给小艺纤维类包装设计，这个项目是要求设计卡通品牌的周边配套包装。这个品牌以迪士尼卡通元素为设计风格，所以小艺经过分析决定同样使用迪士尼最经典的卡通元素为设计主题，制作周边包装袋的外观设计。

纤维类包装设计材质表现——米奇图案手提袋设计制作

任务描述

产品包装类型繁多，除了产品外包装之外，还有很多周边配套的包装类型。首席设计师交给小艺一项某产品的周边产品包装设计，要求设计一个产品包装手提袋，除了设计手提包装袋之外还要制作设计效果图。在生活中手提袋的使用是比较普遍的，特别是纤维类的手提袋，不仅外观比较时尚，而且比较实用，深受消费者喜爱。所以在实际使用中，手提袋的设计尤为重要。纤维类手提袋是比较受欢迎的一种包装设计，下面制作的手提效果以卡通的风格来体现。不仅色调轻快、淡雅，而且比较实用。主题元素主要使用米黄色调来表现，米黄色调不仅颜色柔和，而且以时尚、轻快的色彩氛围渲染出纤维包装在实际中的使用是很重要的。

在绘制过程中，通过使用钢笔工具来绘制整体的卡通轮廓，通过使用渐变工具的涂抹制作纹理的高光和阴影来表现帆布包装的质感，使得颜色渐变的边缘比较平滑。而通过对效果添加纹理等修饰来达到最终的效果，效果如图 6.2.1 所示。

图 6.2.1   最终效果

相关知识

现代企业商业活动中，最不可缺少的就是宣传，"手提袋"就像一个活动的广告，是企业形象宣传中不可缺少的一部分，同时也是宣传企业的一个重要部分。一个设计精美、创意优秀、制作精良的手提袋，能给企业宣传增添不少色彩。手提袋是一种很好的宣传方式，也是一种便携工具，在为购物者提供方便的同时也能再次推销自己的产品或品牌，设计精美的手提袋使人爱不释手，即使上面有醒目的标志或广告，客人也会乐于重复使用，这种手段已经成为公认的比较有效率的广告宣传方式。手提袋的图形设计不拘一格，在现代包装设计中，往往不采用写实的手法，而运用点、线、面的自由构成形式，尤其是在很多时尚性商品包装设计中，这种方法应用得非常广泛。手提袋设计的目的在于手提商品行为上追求其功能的合理性，同时传递商品的信息或展示一种企业形象或展示个性的文化气息。对于手提袋的设计要求应简单，提拿结实，相对成本较低，图案的设计上应追求新颖、单纯，体现自由、前卫的观念，同时发挥促销、传播、展示的各项功能。具有防护、贮藏功能的手提袋，是视觉流动传达产品形象的媒介之一。

对手提袋包装的要求主要表现在两个方面：

（1）产品本身具有相对较高的档次和较高的品质，所以相对要求较高；

（2）就产品本身对其形象的宣传，应赋予手袋鲜明的商品个性或企业文化品质的追求。

手提袋设计一般要求简洁大方，手提袋设计印刷过程中正面一般以公司的 LOGO 和公司名称为主，或者加上公司的经营理念，不应设计的过于复杂，能加深消费者对公司或产品的印象，获得好的宣传效果，手提袋设计印刷对扩大销售、树立名牌、刺激购买欲、增强竞争力有很大的作用。对于作为手提袋设计印刷策略的前提，确立企业形象更有不可忽略的重要作用。作为设计构成的基础，形式心理的把握是十分重要的，从视觉心理来说，人们厌弃单调、划一的形式，追求多样变化，手提袋设计印刷要体现出公司与众不同的特点。

实现方法

1. 打开 Photoshop CS6，新建一个 1600 像素×1200 像素、分辨率为 300 像素/英寸的文档。新建一个图层，使用钢笔工具，绘制手袋形状路径，转换为选区并填充颜色，如图 6.2.2 所示。

2. 继续使用钢笔工具绘制内部路径，转换为选区并填充颜色，如图 6.2.3 所示。

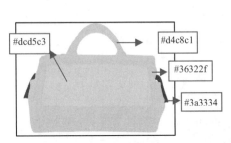

图 6.2.2　绘制手袋形状

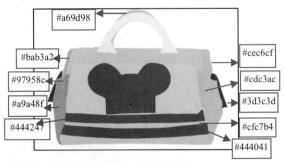

图 6.2.3　绘制内部图案

3．选择"中间"图层，执行"滤镜"—"杂色"—"添加杂色"命令，在打开的对话框中设置参数，数量为 3%、分布为高斯分布、勾选"单色"，如图 6.2.4 所示。

4．继续选择"中间"图层，执行"滤镜"—"艺术效果"—"底纹效果"命令，在打开的对话框中设置参数，画笔大小为 10、纹理覆盖为 12、纹理为画布、缩放为 102%、凸现为 19、光照为上，如图 6.2.5 所示。

图 6.2.4　添加杂色

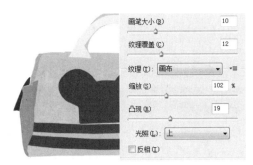

图 6.2.5　添加底纹效果

5．新建"中间涂抹"图层，按住 Ctrl 键，单击上述的"中间"图层得到新选区。选择画笔工具，降低不透明度的大小，在新选区中进行涂抹，如图 6.2.6 所示。

6．采用上述方法继续添加图层纹理效果，使用画笔工具进行涂抹，如图 6.2.7 所示。

图 6.2.6　涂抹中间效果

图 6.2.7　涂抹上部效果

7．继续对其他部分执行"添加杂色"命令，继续执行"底纹效果"命令，在对话框中设置参数，画笔大小为 6、纹理覆盖为 6、纹理为画布、缩放为 81%、凸现为 17、光照为上，如图 6.2.8 所示。

8. 新建"阴影"图层使用钢笔工具绘制阴影选区，填充颜色为#6e645d，选择橡皮擦工具，降低其不透明度，进行擦涂，如图 6.2.9 所示。

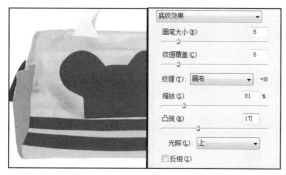

图 6.2.8　进一步添加底纹效果　　　　　　　图 6.2.9　绘制阴影

9. 再绘制绳子的效果。新建"绳子"图层，使用钢笔工具绘制绳子，隐藏上述所有图层，填充颜色为#292825，使用矩形选框工具选择所绘绳子，执行"编辑"—"定义画笔预设"命令定义画笔，如图 6.2.10 所示。

10. 选择"中间"图层，按住 Ctrl 键选择图层，执行"选择"—"修改"—"收缩"命令，设置收缩量为 10，如图 6.2.11 所示。

图 6.2.10　定义画笔　　　　　　　　　图 6.2.11　选择绳子区域

11. 继续选择"中间"图层，打开路径面板，单击"从选区生成工作路径"按钮，执行"描边路径"命令，选择并设置画笔大小为 2，按住 Ctrl+T 快捷键，自由变换所绘绳子的效果，如图 6.2.12 所示。

12. 选择"绳子"图层，双击该图层，打开"图层样式"对话框，选择"斜面和浮雕"复选框，设置参数，如图 6.2.13 所示。

图 6.2.12　生成绳子效果　　　　　　　图 6.2.13　调整绳子特效

13．新建"标签"图层，使用钢笔工具绘制标签路径，转换为选区，填充颜色为白色，选择"标签线"图层，使用橡皮擦工具进行擦除，如图 6.2.14 所示。

14．采用同样的方法绘制阴影部分，使用橡皮擦工具进行擦除，采用前面的方法绘制其他绳子效果，如图 6.2.15 所示。

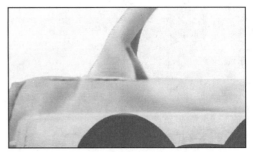

图 6.2.14　绘制标签　　　　　　　　　图 6.2.15　绘制阴影部分

15．选择中间"米奇头"图层，执行"添加杂色"命令，接着执行"滤镜"—"纹理"—"龟裂缝"命令，设置参数，如图 6.2.16 所示。

16．采用前面的方法添加下方纹理效果，如图 6.2.17 所示。

图 6.2.16　添加米奇皮质质感　　　　　　图 6.2.17　添加下方皮质质感

17．新建"商标"图层，采用前面的方法对商标添加纹理效果，使用钢笔工具绘制阴影选区，填充颜色为黑色，使用橡皮擦工具进行擦除，如图 6.2.18 所示。

18．添加商标文字，如图 6.2.19 所示。

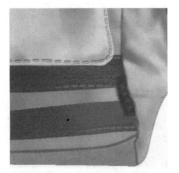

图 6.2.18　绘制商标　　　　　　　　　图 6.2.19　添加商标文字

19．采用前面的方法对"米奇头"添加绳子效果，添加斜面和浮雕效果，使用橡皮擦工具把不需要的效果去除，如图 6.2.20 所示。

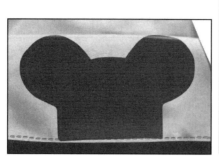

图 6.2.20　添加绳子细节效果

20．使用钢笔工具绘制背景，填充颜色自定，新建"模糊效果"图层，选择画笔工具降低其不透明度和大小进行涂抹，得到背景图层，如图 6.2.21 所示。

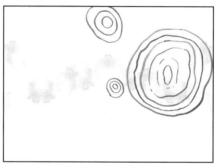

图 6.2.21　绘制背景图层

21．新建"阴影"图层，使用钢笔工具绘制阴影选区，填充颜色为黑色，使用橡皮擦工具进行涂抹，得到阴影效果，最终效果如图 6.2.1 所示。

任务 6.3　商品包装设计制作

🔘 任务要求

小艺在公司各方面表现都比较出色，首席设计师开始交给她一些稍复杂的设计工作。这次，小艺接到了两套包装设计，不同类型、不同风格。包装设计重点要在设计外包装的同时，突出产品的特性，根据产品的特点来设计包装的造型、材质和风格。

6.3.1　商品包装风格规划——牛皮纸包装袋设计制作

🔘 任务描述

首席设计师要求小艺做一款茶叶的包装设计，茶文化是中国传统文化中不可或缺的一部分。所以小艺决定用中国风设计茶叶包装。牛皮纸是一种表面纤维粗糙、多孔、平滑度低、质地松软的纸张。通过牛皮纸古朴柔软的特性，来体现茶叶古色古香的纯正味道和茶道的悠久历史。

在制作过程中，对手提袋的折痕和牛皮纸柔软性的处理是本实例的关键，主要通过"渐变工具""画笔工具""减淡工具"和"加深工具"的结合使用来实现，制作绳子是本实例的难点，注意使用滤镜时的先后顺序及多种图层样式的结合运用。

同时牛皮纸淡黄的颜色和材质也很符合茶温润的特性，正确把握设计产品的特性和感受是设计师必备的能力。最终效果如图 6.3.1.1 所示。

图 6.3.1.1　最终效果

📽 相关知识

包装材料

不同的商品，要考虑到它的运输过程与展示效果等，所以使用材料也不尽相同。如纸包装、金属包装、玻璃包装、木包装、陶瓷包装、塑料包装、棉麻包装、布包装等。

产品性质

（1）销售包装

销售包装又称商业包装，可分为内销包装、外销包装、礼品包装、经济包装等。销售包装是直接面向消费者的，因此在设计时要有一个准确的定位（关于包装设计的定位，在后面会有详细介绍），符合商品的诉求对象，力求简洁大方、方便实用，又能体现商品性。

（2）储运包装

储运包装，也就是以商品的储存或运输为目的的包装。它主要在厂家与分销商、卖场之间流通，便于产品的搬运与计数。在设计时，这并不是重点，只要注明产品的数量、发货与到货日期以及时间与地点等就可以了。

（3）军需品包装

军需品的包装，也可以说是特殊用品包装，由于在平常设计时很少遇到，所以在这里也不作详细介绍，也不是本书的重点。

🖱 实现方法

1. 打开 Photoshop CS6，按住 Ctrl+N 快捷键，打开"新建"对话框，新建一个 1200 像素×1600 像素、分辨率为 300 像素/英寸的文档。

2．新建"底色"图层，使用矩形选框工具绘制矩形选区并填充颜色为#f9e2cc。

3．打开素材文件夹 6.3.1 中的"素材 1"，在通道面板中选择对比最为强烈的通道，这里选择"红"通道，然后复制一个，如图 6.3.1.2 所示。

4．执行"图像"—"调整"—"色阶"命令，调整"红副本"通道的黑白对比，使画面对比更加强烈，然后载入该通道的选区，如图 6.3.1.3 所示。

图 6.3.1.2　导入文字素材

图 6.3.1.3　选择文字区域

5．回到图层面板，使用移动工具将选区内的图形移至画面中，并执行"自由变换"命令，调整其大小、位置，如图 6.3.1.4 所示。

6．将"文字"图层复制出多个，使文字充满矩形部分，然后合并所有文字图层，使用多边形套索工具在中间部位绘制选区，并删除选区内的图形，如图 6.3.1.5 所示。

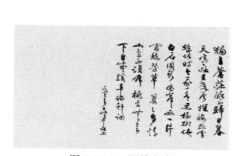
图 6.3.1.4　调整文字

图 6.3.1.5　复制文字重新布局

7．运用前面的方法，加入水墨花草素材并对"花草"素材进行处理，并将其添加至画面中间。

8．合并"文字"和"花草"图层，执行"图像"—"调整"—"色相/饱和度"命令，设置参数，如图 6.3.1.6 所示。

图 6.3.1.6　调整文字色相/饱和度

9．选择合并后的图层，将图层不透明度更设置 50%，使文字和花草融入在底色中，如图 6.3.1.7 所示。

10．绘制矩形选框并填充颜色作为文字的底色，然后使用横排文字工具输入文字，如图 6.3.1.8 所示。

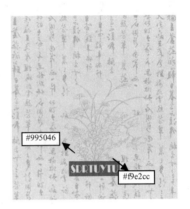

图 6.3.1.7　更改文字层透明度　　　　　　　图 6.3.1.8　输入文字

11．选择除"背景"图层外的所有图层，按 Ctrl+Alt+E 快捷键盖印图层，执行"自由变换"命令调整其形状及透视效果，如图 6.3.1.9 所示。

12．运用前面的方法，绘制手提袋的左侧面，如图 6.3.1.10 所示。

图 6.3.1.9　变形透视效果　　　　　　　图 6.3.1.10　制作手提袋左侧面

技巧：制作变形效果时，可以按 Ctrl+T 快捷键，然后右击图形，从弹出的菜单中选择"透视"和"变形"选项，来调整图形的透视关系。

13．执行"自由变换"命令，调整其位置及透视关系，然后使用多边形套索工具绘制选区，执行"反选"命令，删除选区内的图形，如图 6.3.1.11 所示。

14．运用前面的方法，添加手提袋后侧部分，如图 6.3.1.12 所示。

15．在"正面"图层下方新建"右侧"图层，使用多边形套索工具绘制选区，然后填充颜色为#a25d56，如图 6.3.1.13 所示。

16．选择"正面"图层，为其添加"渐变叠加"图层样式，设置参数如图 6.3.1.14 所示。

图 6.3.1.11　绘制选区

图 6.3.1.12　绘制手提袋后侧

图 6.3.1.13　绘制右侧效果

图 6.3.1.14　为正面图层添加渐变

17．新建"折痕"图层，绘制选区并将其羽化 2 个像素，然后添加"线性渐变"，如图 6.3.1.15 所示。

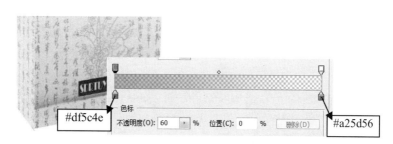

图 6.3.1.15　制作折痕效果

18．选择"正面"图层，使用画笔工具、减淡工具和加深工具绘制出正面的明暗变化，如图 6.3.1.16 所示。

19．运用前面的方法，为其他三面添加明暗变化，完成手提袋整体明暗变化效果，如图 6.3.1.17 所示。

20．运用前面的方法，绘制一个矮一点的手提袋，注意手提袋的比例和透视关系，如图 6.3.1.18 所示。

21．打开素材文件夹 6.3.1 导入"素材 2"，并执行"自由变换"命令，调整其大小、位置，如图 6.3.1.19 所示。

图 6.3.1.16　绘制正面明暗变化　　　　图 6.3.1.17　绘制侧面明暗变化

图 6.3.1.18　绘制矮手提袋　　　　图 6.3.1.19　加入茶壶素材

22．在"背景"图层上方，新建"底色"图层，绘制矩形选区并将选区羽化 2 个像素，创建一个从上到下的"线性渐变"，如图 6.3.1.20 所示。

23．选择画笔工具并设置画笔不透明度为 10%、硬度为 0%，在图层上半部涂抹，如图 6.3.1.21 所示。

图 6.3.1.20　绘制底色渐变　　　　图 6.3.1.21　绘制背景效果

24．在"底色"图层上方，新建"阴影"图层，使用多边形套索工具绘制选区，并将选区羽化 2 个像素，填充 80%的黑色，如图 6.3.1.22 所示。

技巧：在执行"羽化"命令，需要做出色彩扩展范围大的效果时，羽化半径像素要设置得大些，反之则设置得小些。

25. 选择画笔工具并设置画笔不透明度为 8%、硬度为 0%，在阴影处涂抹，使阴影和背景自然融合，如图 6.3.1.23 所示。

图 6.3.1.22　绘制阴影选区

图 6.3.1.23　涂抹阴影效果

26. 新建"绳子"图层，将前景色设为白色，背景色设为#9e6243，使用背景色填充图层，然后执行"滤镜"—"素描"—"半调图案"命令，设置参数如图 6.3.1.24 所示。

27. 使用矩形选框工具绘制矩形并将其反向选择，删除选区内的图形，如图 6.3.1.25 所示。

图 6.3.1.24　设置绳子半调图案效果

图 6.3.1.25　设置选区

28. 执行"编辑"—"自由变换"命令，将图形沿逆时针方向旋转一定角度，如图 6.3.1.26 所示。

29. 执行"滤镜"—"杂色"—"添加杂色"命令，为其添加杂色效果，设置参数如图 6.3.1.27 所示。

图 6.3.1.26　调整选区角度

图 6.3.1.27　添加杂色效果

30．使用矩形选框工具绘制矩形并将其反向选择，删除选区内的图形，如图 6.3.1.28 所示。

图 6.3.1.28　选区绳子大小区域

31．执行"滤镜"—"扭曲"—"极坐标"命令，选择"平面坐标到极坐标"选项，效果如图 6.3.1.29 所示。

32．执行"图层"—"图层样式"—"斜面和浮雕"命令，为该图层添加斜面和浮雕效果，设置参数如图 6.3.1.30 所示。

图 6.3.1.29　"极坐标"命令绘制绳子效果

图 6.3.1.30　设置斜面浮雕

33．然后为其添加"投影"图层样式，设置参数如图 6.3.1.31 所示。

34．执行"编辑"—"自由变换"命令，变换时结合"变形"和"透视"命令，调整出绳子的变化，如图 6.3.1.32 所示。

图 6.3.1.31　添加投影效果

图 6.3.1.32　变形成绳子效果

35．复制一个绳子，继续执行"自由变换"命令，调整其大小、位置和透视关系，如图 6.3.1.33 所示。

36．运用前面的方法为两个袋子添加后面的绳子，如图 6.3.1.34 所示。

图 6.3.1.33　复制绳子

图 6.3.1.34　调整大小

37．新建"绳孔"图层，使用椭圆选框工具绘制正圆，创建一个黑色到透明的"径向渐变"，运用前面的方法绘制其他的绳孔，如图 6.3.1.35 所示。

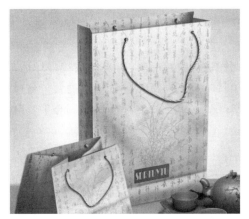

图 6.3.1.35　制作绳孔

38．最终效果如图 6.3.1.1 所示。

6.3.2　商品包装材质表现

任务描述

首席设计师给小艺一个酒类包装的设计项目，酒包装设计在日常生活中是必不可少的。在下面的实例中，介绍的是洋酒包装设计的制作过程，主题的颜色主要是以金属感的颜色为主，使用这种颜色是为了体现出洋酒包装的厚重感和历史感。而辅助的纸盒颜色为深紫色，通过颜色给人以悠远缠绵的感觉。在制作过程中为了使主题线条流畅，主要使用钢笔工具绘制出洋酒包装的大致轮廓，使用渐变工具填充内部颜色，使用画笔工具涂抹出玻璃瓶的纹理效果，通过使用画笔工具的涂抹，使明暗关系更加突出，从而集中体现出玻璃材质的效果，最终效果如图 6.3.2.1 所示。

图 6.3.2.1　最终效果

相关知识

玻璃一般是按照组成或用途进行分类的。根据组成进行分类时，通常以玻璃形体氧化物为基础，分为硅酸玻璃、磷酸盐玻璃、铝酸玻璃等。按照用途和特性进行分类时，可分为平板玻璃、瓶罐玻璃、器皿玻璃、医药玻璃、光学玻璃，颜色玻璃、乳浊玻璃、玻璃纤维等。

玻璃瓶的化学稳定性好，不易与内装物发生反应；透明度好，可以在原材料中添加铁、钴、铬等着色剂，生产出多种颜色的玻璃瓶（如琥珀玻璃、绿色玻璃、青色玻璃、钴蓝玻璃、乳白玻璃、乳浊玻璃）；耐热性好且不易变形；抗压强度大，耐内压；密度大，有重量感（适用于较高档化妆品包装）；阻隔性、卫生性与环保性好，易于密封，开封后可再度紧封等。但与此同时，玻璃瓶常用于高档化妆品或一些特殊要求的化妆品的包装以及酒类的包装。

实现方法

1．打开 Photoshop CS6，新建一个 1027 像素×768 像素的文档，新建"瓶盖"图层，使用钢笔工具绘制瓶盖，并转换为选区，填充颜色为#dac790，如图 6.3.2.2 所示。

2．采用上述方法绘制"酒瓶"图层，并按住 Ctrl+G 快捷键编组图层，如图 6.3.2.3 所示。

图 6.3.2.2　绘制瓶盖

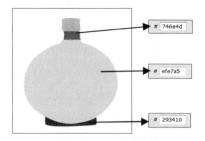

图 6.3.2.3　绘制酒瓶

3．新建"纸盒正面"图层，使用钢笔工具绘制瓶盖，并转换为选区，填充颜色为#273c69，如图 6.3.2.4 所示。

4．采用上述方法绘制"纸盒侧面"图层，填充颜色为#172a55，如图 6.3.2.5 所示。

5．继续在"正面"图层上新建图层，使用钢笔工具绘制路径，并转换为选区，使用渐变工具绘制线性渐变，如图 6.3.2.6 所示。

图 6.3.2.4　绘制纸盒正面　　　　　　　　　图 6.3.2.5　绘制纸盒侧面

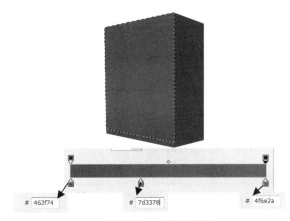

图 6.3.2.6　添加渐变

　　技巧：在绘制渐变的过程中，可以双击需添加渐变的图层，打开"图层样式"对话框，选择"渐变叠加"复选框，在这里进行渐变设置可以准确地绘制出渐变效果。

　　6. 接下来需要绘制纸盒的花纹，新建"轮廓"图层，使用钢笔工具绘制路径并转换为选区，填充颜色为#2f406c，执行"编辑"—"描边"命令，设置宽度为 9，颜色为白色，如图 6.3.2.7 所示。

　　7. 采用上述方法继续绘制纸盒装饰图案，使用渐变工具绘制线性渐变，如图 6.3.2.8 所示。

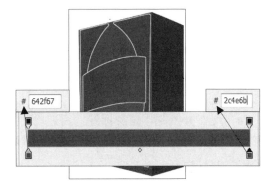

图 6.3.2.7　绘制纸盒装饰花纹　　　　　　　图 6.3.2.8　绘制装饰花纹渐变

　　8. 采用前面的方法绘制侧面装饰图案并绘制渐变效果，如图 6.3.2.9 所示。

　　9. 继续采用前面的方法绘制其他装饰并绘制渐变效果，如图 6.3.2.10 所示。

图 6.3.2.9　绘制装饰花纹　　　　　　　　图 6.3.2.10　绘制装饰花纹渐变效果

10．选择瓶子"瓶口"图层，使用渐变工具绘制线性渐变，如图 6.3.2.11 所示。

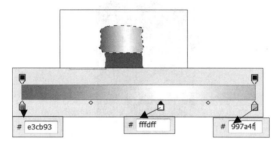

图 6.3.2.11　为瓶口添加渐变效果

11．继续选择"瓶口"图层，使用画笔工具降低不透明度和大小，在选区中进行涂抹，绘制瓶盖效果，如图 6.3.2.12 所示。

12．选择瓶子"中间"图层，使用渐变工具绘制线性渐变，如图 6.3.2.13 所示。

图 6.3.2.12　绘制瓶盖效果　　　　　　　图 6.3.2.13　添加瓶子中间渐变效果

13．选择"瓶口下部"图层，使用画笔工具降低不透明度和大小，在选区中进行涂抹，绘制玻璃瓶颈效果，如图 6.3.2.14 所示。

14．现在开始制作瓶身标签，新建一个图层，使用椭圆选框工具绘制圆形，使用渐变工具绘制径向渐变，执行"编辑"—"描边"命令，设置宽度为 9，颜色为白色，如图 6.3.2.15 所示。

15．采用上述方法继续绘制其他装饰图层，使用渐变工具绘制线性渐变，执行"描边"命令，颜色设置为#d8d0b8，如图 6.3.2.16 所示。

16．选择画笔工具，降低其不透明度和大小，在选区中进行涂抹，绘制瓶身的玻璃效果，如图 6.3.2.17 所示。

图 6.3.2.14　绘制玻璃瓶口效果

图 6.3.2.15　制作瓶身标签渐变效果

图 6.3.2.16　绘制瓶身标签装饰花纹

图 6.3.2.17　绘制瓶身玻璃效果

17．新建一个图层，使用钢笔工具绘制瓶子纹理路径，转换为选区，填充颜色为#180906，使用画笔工具进行涂抹，如图 6.3.2.18 所示。

18．采用上述方法添加其他纹理，使用画笔工具进行涂抹，如图 6.3.2.19 所示。

图 6.3.2.18　绘制玻璃瓶纹理

图 6.3.2.19　绘制玻璃瓶其他纹理

19．使用椭圆选框工具绘制圆形，右击并选择"描边路径"选项，设置画笔大小为 3，颜色为白色，复制圆形，按住 Ctrl+T 快捷键进行自由变换，如图 6.3.2.20 所示。

20．新建"葡萄"图层，使用钢笔工具创建葡萄路径，转换为选区，填充颜色为#3d2a65，使用画笔工具进行涂抹，绘制葡萄效果。双击"葡萄"图层，打开"图层样式"对话框，选择"投影"复选框，参数为默认，如图 6.3.2.21 所示。

21．新建"文字"图层，使用椭圆选框工具绘制圆形，使用横排文字工具创建文字并移动到圆形上，如图 6.3.2.22 所示。

技巧：在绘制渐变的过程中，双击绘制渐变图层，弹出"图层样式"对话框，选择"渐变叠加"复选框，可以准确地绘制所需渐变效果。

图 6.3.2.20　绘制标签中间圆圈装饰　　　　　　　图 6.3.2.21　添加葡萄素材

22．使用横排文字工具继续添加文字设置颜色，如图 6.3.2.23 所示。

图 6.3.2.22　添加标签围绕文字　　　　　　　　图 6.3.2.23　添加标签主文字

23．继续在纸盒上添加文字，使用渐变工具绘制线性渐变，双击"纸盒装饰"图层，打开"图层样式"对话框，选择"投影"复选框，参数为默认，渐变色值如图 6.3.2.24 所示。

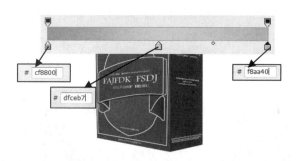

图 6.3.2.24　为纸盒文字添加渐变

24．接下来制作包装盒下部的装饰带，新建一个图层，使用钢笔工具绘制装饰图案，转换为选区，填充颜色为#d2cd91，如图 6.3.2.25 所示。

25．采用上述方法继续绘制图案，填充颜色为#f79b00，如图 6.3.2.26 所示。

图 6.3.2.25　制作纸盒下部装饰带　　　　　　　图 6.3.2.26　制作纸盒黄色装饰带

26．新建一个图层，使用钢笔工具绘制标志花纹路径，转换为选区，填充颜色为#470007，如图 6.3.2.27 所示。

27．继续使用钢笔工具绘制边框，填充颜色为#684300，如图 6.3.2.28 所示。

图 6.3.2.27　绘制装饰花纹　　　　　　　　　图 6.3.2.28　绘制边框

28．打开素材文件夹 6.3.2，导入牛皮纸背景"素材 1"，使用钢笔工具绘制边框轮廓，并转换为选区，按 Ctrl+Shift+I 快捷键反选并删除，如图 6.3.2.29 所示。

29．使用横排文字工具添加文字，填充颜色为#5f3703，如图 6.3.2.30 所示。

图 6.3.2.29　加入牛皮纸素材　　　　　　　　图 6.3.2.30　添加文字

30．新建"背景"图层，使用矩形选框工具绘制选区，使用渐变工具绘制线性渐变，如图 6.3.2.31 所示。

图 6.3.2.31　绘制背景渐变

31．复制"瓶子"图层，按 Ctrl+T 快捷键，垂直变换，添加蒙版，使用从黑到白线性渐变添加阴影效果，采用同样的方法制作纸盒阴影，最终效果如图 6.3.2.1 所示。

 归纳小结

本节内容主要了解包装设计的设计要求以及如何用 Photoshop 的钢笔工具和画笔工具绘制包装肌理效果，完整地制作出产品包装。

知识目标：

（1）了解包装材质的设计要求；

（2）了解 Photoshop 的钢笔工具绘制路径功能；

（3）了解 Photoshop 的滤镜、图层样式、混合模式等工具的使用功能。

能力目标：

（1）能够具备熟练运用材质要求原则设计出符合主题的包装设计的能力；

（2）能够具备熟练使用 Photoshop 的钢笔工具绘制路径功能制作包装设计的能力；

（3）能够具备熟练使用 Photoshop 的滤镜、图层样式、混合模式等工具的使用功能制作包装材质的能力。

 IT 工作室

根据以上案例的设计分析，针对产品设计一套符合其风格的包装。设计效果可参考图6.3.2.32。

图 6.3.2.32　设计效果

 项目总结

本项目主要掌握的知识和技能：

（1）掌握包装设计的设计方法；

（2）了解包装设计的设计流程；

（3）理解包装设计的设计类型；

（4）能够把握包装设计的风格搭配；

（5）能够根据不同的使用功能，设计不同的包装材质。

综合实训

规划设计数码产品的包装设计。

要求：

（1）风格明确；

（2）设计感强，配色和谐；

（3）包装需展示某商品的外观和功能；

（4）设计三个左右统一风格、不同配色的数码产品包装。

模块 7

网页界面设计与配色

工作情境

小艺在设计公司的工作能力备受首席设计师的肯定，首席设计师开始尝试将一些完整的项目交给小艺全面负责。最近设计公司接到一系列的网页界面设计项目。首席设计师要求小艺负责网页的界面版式设计和颜色搭配，并和程序设计人员协调好交互效果的实现。网页界面设计是艺术和技术融为一体的设计创造活动。界面设计包括根据用户需求和网页类型确定风格和版式规划。更多的还是要考虑作为网页使用者的广大用户的使用体验。这就包括了和客户沟通、进行市场调查、整体规划设计和最终交互实现整个过程，把握这整个过程是设计师必备的能力。

解决方案

网页界面与视觉传达的设计简称视觉设计或平面设计（Visual Communication Design 或 Graphic Design），有时也被称为信息设计（Information Design）。视觉传达设计的过程是设计者将思想和设计概念转变为视觉符号形式的过程，即概念视觉化的过程。对信息的接收者来说则是相反的过程，即视觉概念化的过程，贯穿和联结两个过程的是信息。

网络信息的受传者存在着职业、文化、修养、兴趣、生活经验以及消费水平等方面的明显差异，因此在网页界面中出现的视觉形象要适应大多数浏览者的口味，越明确、越通俗、越具体越好。在这样一个内容丰富、信息繁杂的巨大网络世界里，网页界面设计必须以其强有力的视觉冲击效果来吸引浏览者的注意，进而使特定的信息得以准确迅速地传播。这就要求网页界面设计的形式应力求删繁就简，"以少胜多"，一切分散浏览者注意力的图形、线条、可有可无的"装饰"都应摒弃，使参与形式构成的诸元素均与欲传播的内容直接相关。"简洁"是各种艺术形式都必须遵循的普遍原则，正所谓"无声胜有声"，网页界面设计尤其要做到这一点。在社会文化高度发达的现代社会，人们因文化素质的提高和价值观念的变化，生活情趣和审美趣味更趋向简洁、单纯。简洁的图形、醒目的文字、大的色块更符合形式美的要求和当今人们的欣赏趣味，给人以悦目、舒适、现代的感觉以及美的享受，令人百看不厌，并能回味无穷，联想丰富。网页界面可以依据其传达信息内容的特点来进行类型的划分，主要可分为 6 种形式：

（1）信息查询类：以实用功能为主，注重视觉元素的均衡排布，较少装饰性的元素，如 Yahoo!。

（2）大众媒体类：许多的门户网站，综合型的信息资讯网站都属于大众传媒类的网站，通过不同模块发布不同的资讯和信息，如新浪、搜狐、腾讯等。

（3）宣传窗口类：从企业特有形象入手，充分表现企业文化特征，如 Adidas。

（4）电子商务类：使浏览者在访问时进行愉快的交流是设计的重点，要求既要具备人们乐于接受的交互性，又要有吸引浏览者注意的页面形式，如当当网上书店。

（5）交流平台类：以方便使用为主要特点，指示性强，易于理解，如 BBS。

（6）网络社区类：由于网络社区通常不带有商业性质，因此它的界面设计可以根据社区内容充分发挥创造性，营造一个自由、舒适、愉快的氛围。

能力要求

通过本项目的知识学习和技能训练，要求具备以下能力：
（1）能够根据需要分析和把控网页界面的设计风格和方向；
（2）能够使用网页装饰的设计方法为设计作品搭配风格合适的装饰纹样；
（3）能够根据网页的功能分类和用户需求规划合理的版式和功能区域；
（4）能够根据网页设计的种类搭配合适的颜色和特效；
（5）能够熟练使用 Photoshop 的图层样式和蒙版制作网页界面特效。

任务 7.1　网页的界面布局和功能设计

任务要求

首席设计师交给小艺两个设计项目，要求设计不同的网页界面。小艺根据客户需求和网页类型分析出这两个项目都需要简洁的版面设计。重点的区别表现在配色和布局上，根据类型和功能不同，配色和布局也不相同。

7.1.1　网页的界面布局设计——Free mall 网页界面设计

任务描述

这个项目要求设计一家以经营苹果数码产品和相关配件为主的公司的网页界面。公司经营范围小，只经营苹果数码产品和相关的配件，所以小艺分析，客户公司所经营的产品是苹果系列产品，苹果产品的设计一直以简洁著称，因此客户公司的网页界面也沿用苹果的一贯风格，简洁、大气，以推广主打产品为主。用简洁大气的蓝灰搭配的色调，凸显其经营数码产品的专业性和科技含量。效果图如图 7.1.1.1 所示。

图 7.1.1.1　最终效果

相关知识

网页设计标准尺寸：

（1）800 像素×600 像素下，网页宽度保持在 778 像素以内，就不会出现水平滚动条，高度则视版面和内容决定。

（2）1024 像素×768 像素下，网页宽度保持在 1002 像素以内，如果满框显示的话，高度在 612 像素到 615 像素之间就不会出现水平滚动条和垂直滚动条。

（3）在 Photoshop 里面做网页可以在 800 像素×600 像素状态下显示全屏，页面的下方又不想出现滚动条，尺寸应设置为 740 像素×560 像素左右。

（4）在 Photoshop 里做的图颜色等方面到了网上就不一样了，因为 Web 上面只用到256Web 安全色，而 Photoshop 中的 RGB、CMYK、LAB 或者 HSB 的色域很宽、颜色范围很广，所以自然会有失色的现象。

网幅广告，旗帜广告，横幅广告（网络广告的主要形式，一般使用 GIF 格式的图像文件，可以使用静态图形，也可用多帧图像拼接为动画图像）。

实现方法

1. 打开 Photoshop CS6，制作灰白双色的纹理图片，如图 7.1.1.2 所示。

2. 在文件中打开纹理图片，然后单击"编辑"—"定义图案"命令给图案命名，并单击"确定"按钮。做完这个准备工作，可以关闭该文件。然后创建一个新文件，大小为 1100 像素×1300 像素，如图 7.1.1.3 所示。

3. 使用油漆桶工具 设置填充图案，选择前面制作好的图案纹理。单击画布，得到如图7.1.1.4 所示的效果。

4. 在页面上方使用圆角矩形工具 ，创建一个圆角矩形，位置如图 7.1.1.5 所示，设置参数值，半径为 5 像素，固定大小为 330 厘米×45 厘米。

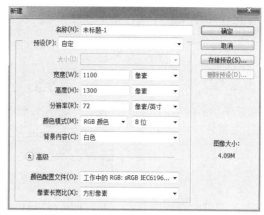

图 7.1.1.2　定义图案　　　　　　　　　　图 7.1.1.3　新建文档

图 7.1.1.4　填充图案

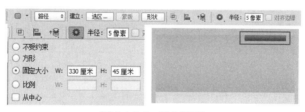

图 7.1.1.5　绘制矩形

5．对所创建的圆角矩形添加图层样式，将矩形做成渐变小图标并添加相关的项目文字，设置参数与效果如图 7.1.1.6 所示。

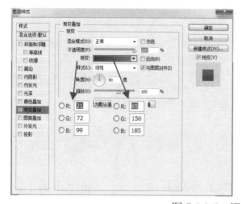

图 7.1.1.6　添加图层样式

6. 记住这个矩形图层样式，在下面的步骤中会多次用到它。接下来使用圆角矩形工具  创建一个搜索框，如图 7.1.1.7 所示。

图 7.1.1.7　绘制搜索框

7. 给矩形框添加灰色，色值（R：156、G：155、B：155）。并添加入图层样式制造搜索框的下陷效果，如图 7.1.1.8 至图 7.1.1.10 所示。单击新建样式，将样式添加到样式库，再次使用这个样式时只需在样式库中选择即可。并在搜索框中间加上一个放大镜，如图 7.1.1.11 所示。

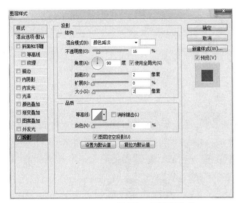

图 7.1.1.8　"投影"图层样式

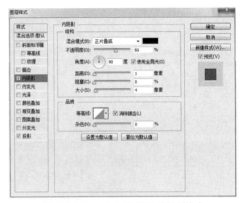

图 7.1.1.9　"内投影"图层样式

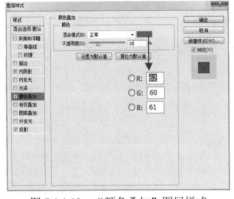

图 7.1.1.10　"颜色叠加"图层样式

图 7.1.1.11　搜索栏

8. 制作黑色的导航栏，新建一个图层，根据构图，用圆角矩形工具 拉出合适的圆角矩形并添加图层样式，如图 7.1.1.12 和图 7.1.1.13 所示。

9. 按 Ctrl+J 快捷键复制上一个图层，用选框工具 删除上部分，留下下面小的装饰条，添加蓝色并添加图层样式，如图 7.1.1.14 和图 7.1.1.15 所示。

图 7.1.1.12　黑色导航栏

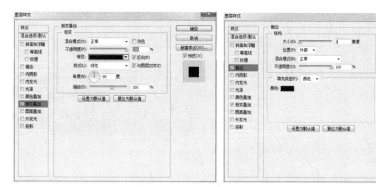

图 7.1.1.13　设置导航栏图层样式

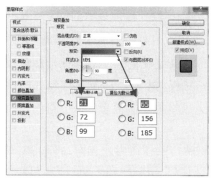

图 7.1.1.14　导航栏装饰条图层样式

图 7.1.1.15　导航栏装饰条效果

10．完成导航栏的制作还需要一些焦点状态，表示当前鼠标操作。使用矩形工具▣创建按钮，继续使用蓝色的图层样式，如图 7.1.1.16 和图 7.1.1.17 所示。

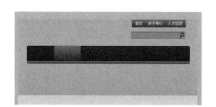

图 7.1.1.16　导航焦点状态效果

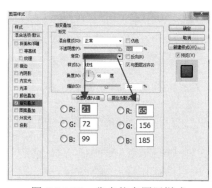

图 7.1.1.17　焦点状态图层样式

11．在导航内添加一些文本，表示商业网站功能的不同分类，如图 7.1.1.18 所示。

12．制作 banner（网幅广告），随着 Apple 网站 UI 设计的成功范例，越来越多的网站采用大版面的 banner 图片吸引大家的注意力。所以，在导航栏下方将添加最新款计算机图片。用矩形选框工具选取合适大小，添加白色。复制素材中的主推计算机图片放入当前文档，根据黄金分割点的构图要求，放入右边。侧面放置的图片空间感较强，放置时可稍稍超出白色广告界面，增加画面的层次感和视觉冲击力，加大网幅广告的效用。在左下角用圆角矩形工具拉一个圆角矩形框，执行"鼠标右键"—"描边路径"—"铅笔"命令。事先预设铅笔 2 像素，颜色（R：159、G：158、B：158）。添加另外几个需推广的商品图片，在后台做好链接可实现轮番播放的效果，如图 7.1.1.19 所示。

图 7.1.1.18　添加导航条文本　　　　图 7.1.1.19　添加网幅广告图片

13．在 banner 下方创建一个白色区域，用于添加一些购物网站所需要展示的产品，在这个区域内展示出需要展销的产品图片，在每个产品之间用直线工具画一些线条做分割，执行"鼠标右键"—"描边路径"—"铅笔"命令。事先预设铅笔 2 像素，描边灰色，颜色（R：159、G：158、B：158），如图 7.1.1.20 所示。

14．使用圆角矩形工具制作左侧竖排导航。在竖排导航按钮内添加商品分类文本。在商品分类上使用圆角矩形工具填充蓝色，并添加与导航相同的图层样式，如图 7.1.1.21 所示。

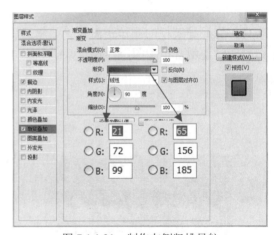

图 7.1.1.20　添加展示产品　　　　图 7.1.1.21　制作左侧竖排导航

15．复制上述按钮，做出下面按钮组，添加不同的商品文本，如图 7.1.1.22 所示。

16．在商品图片下方用矩形工具添加按钮并添加图层样式，如图 7.1.1.23 所示。

图 7.1.1.22　添加商品文本

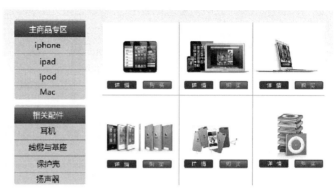

图 7.1.1.23　添加商品按钮

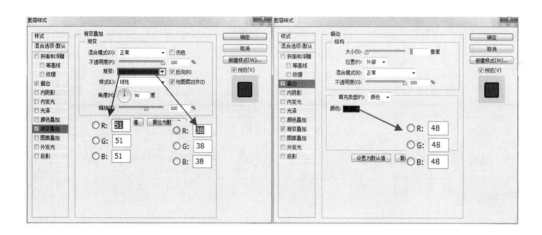

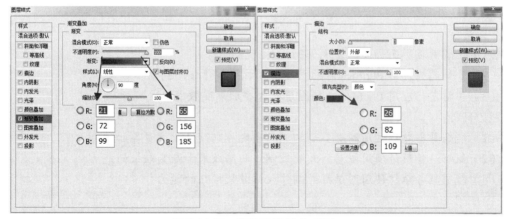

图 7.1.1.23　商品按钮样式（续）

17．在网页的左上方空白处加上 free mall 的 LOGO 和下划花纹，添加图层样式，营造简约凹陷的 LOGO 效果，如图 7.1.1.24 所示。

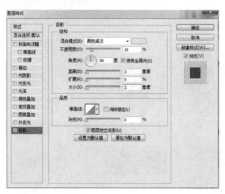

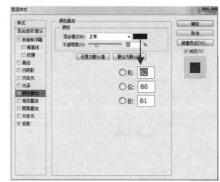

图 7.1.1.24　添加 LOGO 与图层样式

18．最后根据客户要求在最下方添加版权信息条。整个网站便完成了，如图 7.1.1.1 所示。

归纳小结

本节内容主要了解针对用户需求设计网页界面的构成和布局。用简单的颜色表达简单的构成理念和设计思维。

知识目标：

（1）了解网页界面构成的表现原则；

（2）了解怎样应用 Photoshop 的图层样式效果创建凹陷的立体效果；

（3）了解怎样应用 Photoshop 的图层样式叠加渐变效果。

能力目标：

（1）能够具备熟练运用网页界面构成的表现原则设计出网页界面的能力；

（2）能够具备熟练使用图层样式效果制作凹陷效果和渐变效果的能力；

（3）能够具备熟练使用图层样式制作立体效果按钮的能力。

7.1.2　学术网页的设计——HNNY 学术论坛设计

任务描述

小艺接到首席设计师安排的网页界面设计任务，这是一个学术教育类网页的设计，主要用于学术知识交流的论坛。小艺分析学术教育类网页的设计主要要立足教育，为学术知识、创新教育服务。整体网页的构架要模块清晰，便于区分和使用。页面的设计也要简洁明快，注重实用性。颜色采用表现冷静的深蓝色，代表学术专业性。最终设计效果如图 7.1.2.1 所示。

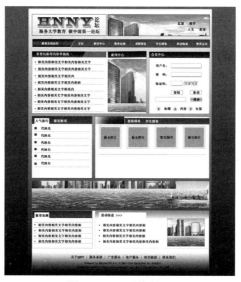

图 7.1.2.1   最终效果

📇 **相关知识**

设计学术教育类网页界面总体设计要素包括以下几点：

（1）定位网站主题和名称;

（2）定位网站形象;

（3）确定栏目和模块;

（4）网站的层次结构要清晰，链接结构要有条理;

（5）颜色选择多以蓝、绿等为主，给人感觉清晰、清新，体现学术感和专业性。

🖱 **实现方法**

1．启动 Photoshop CS6，按 Ctrl+N 快捷键新建一个文件，具体参数设置如图 7.1.2.2 所示。

2．设置前景色（R：121、G：156、B:255），然后按 Alt+Delete 快捷键，用前景色填充"背景"图层，效果如图 7.1.2.3 所示。

图 7.1.2.2   新建文件

图 7.1.2.3   填充背景色

提示：使用纯色作为网页的背景色可以减少打开网页的加载时间。类似于这种论坛类型的网页，整个界面都不能过于花哨，皆须考虑网页的伸缩和局部框架。

3．执行"视图"—"新建参考线"命令，然后在弹出的对话框中进行设置，设置参数与效果如图 7.1.2.4 所示。

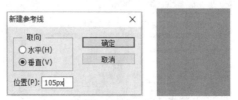

图 7.1.2.4　设置参考线

4．执行"视图"—"新建参考线"命令，然后在弹出的对话框中进行设置，设置如图 7.1.2.5 所示。

5．新建一个 bg 图层，然后使用矩形选框工具绘制一个选区（选区的左右边界以参考线为准），接着设置前景色为白色，再按 Alt+Delete 快捷键用前景色填充选区，效果如图 7.1.2.6 所示。

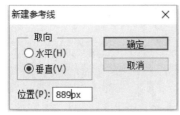

图 7.1.2.5　设置参考线　　　　图 7.1.2.6　绘制白色中心区域

6．双击 bg 图层的缩略图，打开"图层样式"对话框，然后设置"投影"和"描边"样式并设置颜色为（R：219、G：219、B：219），具体参数设置如图 7.1.2.7 所示。

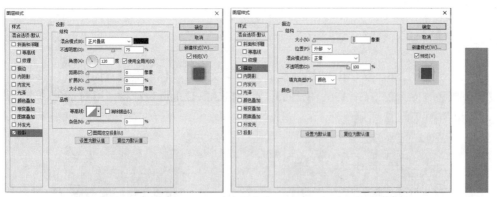

图 7.1.2.7　对两边的蓝色区域进行投影和描边处理

7．单击工具箱中的"横排文字工具"按钮，然后在属性栏中进行设置，接着在界面的左上角输入文字 HNNY，效果如图 7.1.2.8 所示。

8．选择 HNNY 图层，然后单击图层面板下面的"添加图层样式"按钮，并在弹出的菜单中选择"投影"命令，打开"图层样式"对话框，接着设置阴影颜色（R：45、G：70、B：130），具体参数设置如图 7.1.2.9 所示。

图 7.1.2.8　添加文字

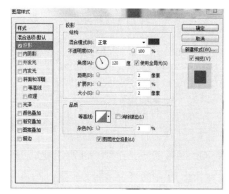

图 7.1.2.9　添加文字图层样式

9．单击"内阴影"图层样式，然后设置阴影颜色（R：70、G：105、B：205），接着选择"渐变叠加"复选框，具体参数设置如图 7.1.2.10 所示。

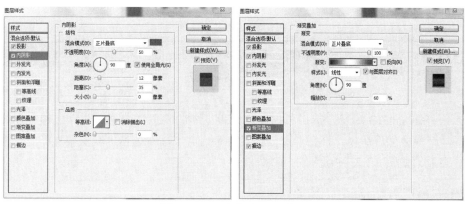

图 7.1.2.10　添加内阴影效果

10．单击"描边"图层样式，然后设置颜色（R：55、G：103、B：145），效果如图 7.1.2.11 所示。

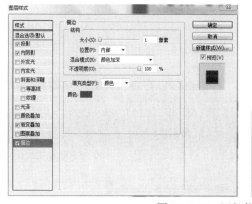

图 7.1.2.11　添加描边效果

11．使用横排文字工具在标题文字的下面和右侧输入辅助性文字，然后制作出网页标志，效果如图 7.1.2.12 所示。接着同时选中网页标志所在的所有图层，最后按 Ctrl+G 快捷键为其创建一个"标志"图层组。

图 7.1.2.12　添加图标

提示：网页设计所用到的图层比较多，所以图层管理是一项至关重要的工作。按照网页的框架，属于同一功能框架的图层归纳在一个图层组中，这样就可以方便地找到各个部分所在的图层。

12．选择素材文件夹 7.1.2 中的"素材 1"，将其放置在界面的右上角，如图 7.1.2.13 所示。

13．设置前景色（R：0、G：61、B：232），然后单击工具箱中的"矩形工具"按钮，接着单击属性栏中的"形状图层"按钮，最后绘制一个如图 7.1.2.14 所示的矩形图像，并将新生成的图层更名为 menu BG。

图 7.1.2.13　添加天空素材　　　　　　　　图 7.1.2.14　绘制蓝色矩形

14．选择 menu BG 图层，然后单击图层面板下面的"添加图层样式"按钮，在弹出的菜单中选择"渐变叠加"命令，打开"图层样式"对话框，接着选择"渐变叠加"复选框，具体参数设置与效果如图 7.1.2.15 所示。

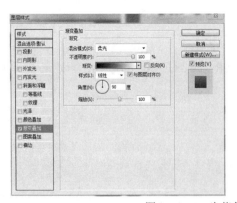

图 7.1.2.15　为蓝色矩形添加图层样式

15．设置前景色（R：4、G：0、B：50），然后使用矩形工具在蓝色矩形图像的上下部绘制两条深蓝色的线条，如图 7.1.2.16 所示，接着将新生成的图层更名为 menu LINE 图层。

图 7.1.2.16　绘制深蓝线条

16．执行"图层"—"新建填充图层"—"渐变"命令，在弹出的对话框中设置图层名称为 menu left，单击"确定"按钮，接着编辑出如图 7.1.2.17 所示的渐变色，最后单击"确定"按钮。

图 7.1.2.17　设置渐变背景效果

17．选择 menu left 图层的蒙版，然后用黑色填充蒙版，使用矩形选框工具绘制一个矩形选区，接着按住 Alt 键的同时，使用多边形套索工具在选区的右部勾选出一个斜角，最后用白色填充蒙版中的选区，效果如图 7.1.2.18 所示。

图 7.1.2.18　绘制 menu left 按钮

18．选择 menu left 图层，然后单击图层面板下面的"添加图层样式"按钮，在弹出的菜单中选择"投影"命令，打开"图层样式"对话框，具体参数设置与效果如图 7.1.2.19 所示。

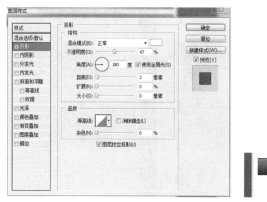

图 7.1.2.19　添加按钮效果

19．使用横排文字工具在导航栏上输入相应的文字，完成后的效果如图 7.1.2.20 所示。

20．新建一个 line 图层，使用矩形选框工具绘制一个如图 7.1.2.21 所示的选区，接着用白色填充选区，再复制几个白色分割线到每个按钮之间，效果如图 7.1.2.21 所示，最后将这些线条合并为"line 合"图层。

图 7.1.2.20　输入文字　　　　　　　　图 7.1.2.21　制作其他按钮并添加文字

21．为"line 合"图层添加一个图层蒙版，然后使用渐变工具（设置渐变色为黑色到透明）在蒙版中从上向下短距离拉出渐变，接着再在蒙版中从下向上短距离拉出渐变，完成后的效果如图 7.1.2.22 所示。

22．在设计登录框之前先要将制作 menu 部分的图层合并为"导航"图层组。设置前景色为白色，然后使用矩形工具绘制一个如图 7.1.2.23 所示的矩形图像，并将新生成的图层更名为"登录 line"图层。

图 7.1.2.22　添加蒙版绘制渐变　　　　　图 7.1.2.23　绘制登录框

23．选择"登录 line"图层，然后单击图层面板下面的"添加图层样式"按钮，并在弹出的菜单中选择"描边"命令，打开"图层样式"对话框，接着设置颜色（R：91、G：91、B：91），具体参数设置与效果如图 7.1.2.24 所示。

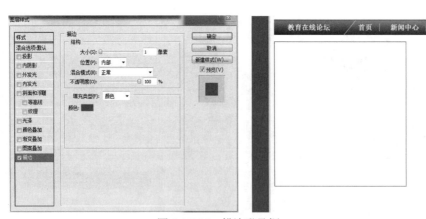

图 7.1.2.24　描边登录框

24．设置前景色（R：46、G：46、B：46），然后使用矩形工具绘制一个如图 7.1.2.25 左所示的矩形图像，并将新生成的图层更名为"登录 tit"，接着设置前景色（R：105、G：105、B：105），继续使用矩形工具绘制一个如图 7.1.2.25 右所示的矩形图像，并将新生成的图层更名为"登录 titUP"。

25．单击工具箱中的"移动工具"按钮，然后按住 Ctrl 键的同时单击"登录 line"图层的缩览图，载入该图层的选区，接着执行"选择"—"收缩"命令，并在弹出的"收缩"对话框中设置半径为 1 像素，再执行"选择"—"变换选区"菜单命令，将选区的高度缩小到标题背景以下 1 个像素的位置，如图 7.1.2.26 所示。

图 7.1.2.25　添加登录框效果　　　　图 7.1.2.26　选择登录框内部区域

26．双击"登录 bg"图层的缩略图，打开"图层样式"对话框，然后添加"渐变叠加"样式和"描边"样式，具体参数设置与效果如图 7.1.2.27 所示。

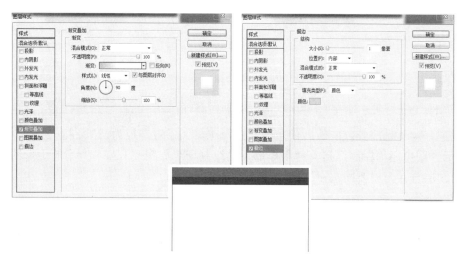

图 7.1.2.27　添加渐变和描边样式及效果

提示：这种登录框设计在平面广告设计中不是经常遇到，但是在网页设计中会经常遇到，因此必须掌握其制作方法。

27．使用横排文字工具在登录框中输入相关文字信息，然后制作出和输入框一样的效果，完成后的效果如图 7.1.2.28 所示。

28．在设计新闻中心之前，先要将制作登录框的所有图层合并为一个图层组。设置前景色为白色，然后使用圆角矩形工具（设置半径为 3 像素）绘制一个如图 7.1.2.29 所示的圆角矩形图像，接着使用矩形工具绘制一个如图 7.1.2.29 所示的矩形图像，再同时选择这两个白色图层，最后按 Ctrl+E 快捷键将其合并为"新闻 line"图层。

图 7.1.2.28　输入文字信息

29．双击"新闻 line"图层的缩略图，打开"图层样式"对话框，然后选择"描边"复选框，接着设置颜色（R：211、G：211、B：211），具体参数设置与效果如图 7.1.2.30 所示。

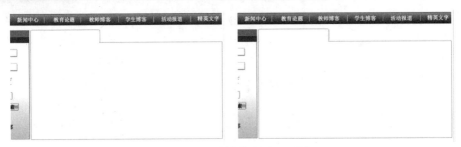

图 7.1.2.29　制作新闻中心区域

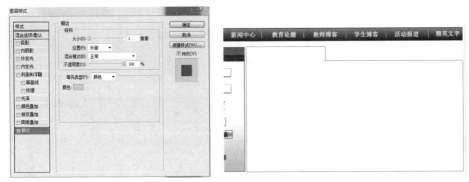

图 7.1.2.30　添加描边样式

30．设置任意一种前景色，然后使用圆角矩形工具（设置半径为 3 像素）绘制一个如图 7.1.2.31 所示的圆角矩形图像，接着使用矩形工具绘制一个如图 7.1.2.31 所示的矩形图像，最后将这两个图层合并为"新闻按钮"图层。

图 7.1.2.31　制作新闻按钮

31．双击"新闻按钮"图层的缩略图，打开"图层样式"对话框，然后选择"渐变叠加"复选框，接着编辑出如图 7.1.2.32 所示的渐变色，设置参数与效果如图 7.1.2.32 所示。

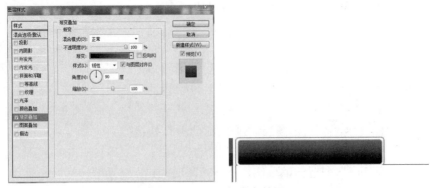

图 7.1.2.32　添加渐变效果

32．选择"新闻按钮"图层，然后使用矩形选框工具绘制一个如图 7.1.2.33 所示的矩形选区，接着按 Ctrl+J 快捷键将选区中的图像复制到一个新的"新闻按钮副本"图层中。

33．在"新闻按钮副本"图层缩略图右侧的空白区域单击右键，然后在弹出的菜单中选择"清除图层样式"命令，接着用白色填充该图层，最后设置该图层的不透明度为 5%，效果如图 7.1.2.34 所示。

图 7.1.2.33　绘制矩形选区

图 7.1.2.34　绘制白色选区

34．使用横排文字工具和相关素材完成新闻中心剩余部分的制作，完成后的效果如图 7.1.2.35 所示。

图 7.1.2.35　完成新闻中心制作

35．人气排行栏的整体框架部分与登录框基本相似，因此这里不再重复讲解，完成后的效果如图 7.1.2.36 所示。

提示：人气排行栏的整体框架可以通过复制登录框的框架来得到，只是需要进行适当的自由变换或修改。由此可见，在网页制作中有许多元素都是相通的，只要利用好这点，就可以快速地完成操作。

36．使用前面的方法完成人气排行栏剩余部分的制作，完成后的效果如图 7.1.2.37 所示。

图 7.1.2.36　人气排行栏边框

图 7.1.2.37　添加文字

37．随意设置一种前景色，然后使用矩形工具绘制一个如图 7.1.2.38 所示的矩形图像，并将新生成的图层更名为"博客 bg"。

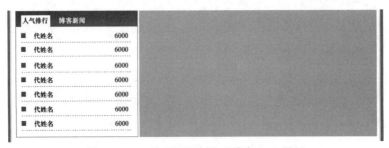

图 7.1.2.38　绘制矩形制作"博客 bg"图层

38．在"登录 bg"图层缩览图的右侧空白区域单击右键，然后在弹出的菜单中选择"拷贝图层样式"命令，接着在"博客 bg"图层缩略图右侧的空白区域单击右键，并在弹出的菜单中选择"粘贴图层样式"命令，效果如图 7.1.2.39 所示。

39．设置前景色（R：96、G：129、B：159），然后使用圆角矩形工具（设置半径为 3 像素）绘制一个如图 7.1.2.40 所示的圆角矩形图像，接着再绘制一个如图 7.1.2.40 所示的矩形图像，最后将这两个图层合并为"博客地带按钮"图层。

图 7.1.2.39　添加图层样式

图 7.1.2.40　绘制圆角矩形按钮

40．双击"博客地带按钮"图层的缩略图，打开"图层样式"对话框，然后设置"投影"样式和"渐变叠加"样式，具体参数设置如图 7.1.2.41 所示。

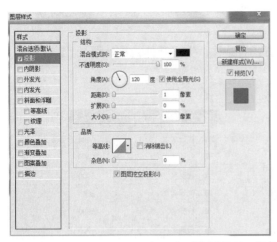
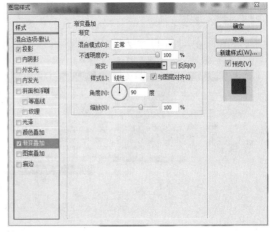

图 7.1.2.41　添加渐变和投影效果

41．单击"描边"样式，具体参数设置与效果如图 7.1.2.42 所示。

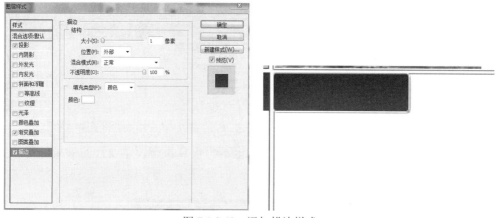

图 7.1.2.42　添加描边样式

42．选择"博客地带按钮"图层，然后使用椭圆工具绘制一个如图 7.1.2.43 所示的椭圆选区，接着按 Shift+F6 快捷键，打开"羽化选区"对话框，并设置羽化半径为 5 像素，最后采用相同的方法将选区再羽化 3 次（羽化半径同样为 5 像素）。

43．保持选区状态，然后按 Ctrl+J 快捷键将选区中的图像复制到一个新的图层中，接着修改图层的颜色为白色，最后设置该图层的混合模式为"浅色"，效果如图 7.1.2.44 所示。

44．设置前景色（R：165、G：212、B：255），然后使用矩形工具绘制一个如图 7.1.2.45 所示的矩形图像，并将新生成的图层命名为"博客"。

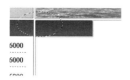

图 7.1.2.43　选择博客地带按钮　　　　图 7.1.2.44　修改图层颜色　　　　图 7.1.2.45　绘制矩形

45．将"博客地带按钮"图层的"图层样式"复制到"博客 tit"图层中，然后添加"投影"和"描边"样式，效果如图 7.1.2.46 所示。

46．采用前面的方法完善"博客地带"的剩余部分，完成后的效果如图 7.1.2.47 所示。

图 7.1.2.46　添加投影、描边效果　　　　　图 7.1.2.47　博客地带完成效果

47．现在开始完善界面，根据需要选择要展示的图片并将其放置在如图 7.1.2.48 所示的位置。

48．教育论题栏与人气排行栏的制作方法类似，因此不再重复讲解，完成后的效果如图 7.1.2.49 所示。

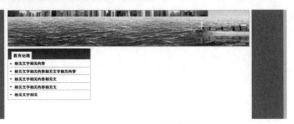

图 7.1.2.48　放置展示图片　　　　　　　　图 7.1.2.49　添加其他栏目

49．活动报道部分的制作比较简单，因此也不再重复讲解，完成后的效果如图 7.1.2.50 所示。

图 7.1.2.50　制作活动报道栏目

50．上半部的效果已经做好，现在开始设计底部导航栏。新建一个"底部导航 bg"图层，然后使用矩形选框工具绘制如图 7.1.2.51 所示的矩形选区，设置前景色（R：182、G：182、B：182），最后按 Alt+Delete 快捷键用前景色填充选区，效果如图 7.1.2.51 所示。

51．为"底部导航 bg"图层添加一个图层蒙版，然后使用渐变工具（设置渐变色为黑色到透明渐变）从左到右在蒙版拉出渐变，接着重复使用渐变工具从右到左拉出渐变，如图 7.1.2.52 所示。

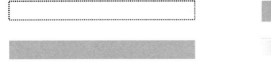

图 7.1.2.51　绘制底部导航栏　　　　　　　图 7.1.2.52　添加渐变效果

52．为"底部导航 bg"图层添加一个"渐变叠加"图层样式，效果如图 7.1.2.53 所示。

图 7.1.2.53　增加渐变叠加图层样式

53．使用横排文字工具在底部导航栏中输入相关文字信息，完成后的效果如图 7.1.2.54 所示。

图 7.1.2.54　输入底部导航栏文字信息

54．在网页的底部输入版权等相关文字信息，最终效果如图 7.1.2.1 所示。

归纳小结

本节内容主要了解学术类型网页界面的设计方法和表现效果。学术网页主要是教育类相关网页，界面需清晰、淡雅，且条理清楚，有较强的交互规划，网页中也要有较大的信息展示空间。不可太过花哨或颜色过于丰富，一般以蓝、绿等较稳重的颜色凸显其学术性。

知识目标：

（1）了解学术网站界面表现原则；

（2）了解如何应用 Photoshop 的图层样式和蒙版效果制作网站导航条；

（3）了解制作学术网站界面的功能规划。

能力目标：

（1）能够具备把握学术网站界面规划的能力；

（2）能够具备熟练使用图层样式效果制作导航按钮的能力；

（3）能够具备熟练使用工具表达网页不同气氛的能力。

任务 7.2　网页的界面风格设计

任务要求

首席设计师交给小艺两个设计项目，要求设计不同的网页界面。小艺通过客户需求和网页类型分析出这两个项目重点突出版面设计风格。游戏登录界面主要是要配合游戏的风格，表现出神秘的感觉，强调视觉冲击力。游戏主页网页设计主要是突出游戏产品特色和中国风的表现，用中国的传统文化吸引国内外玩家。

7.2.1　网页界面的风格规划——游戏网页登录界面制作

任务描述

小艺所在的设计公司接到某游戏公司的游戏网页界面设计项目。小艺负责游戏登录界面网页的设计。小艺通过分析游戏的特点，认为游戏登录界面主要需要把握风格和渲染气氛，重点在于游戏的登录框和按钮的设计。她决定设计带有凝胶质感特点的按钮，造型简洁大方，并且这些按钮在暗绿背景的衬托下发出幽幽的光亮，成为画面中较为引人注目的部分。画面以暗绿色调为主，给人一种和谐统一的视觉印象。按钮发出幽幽的绿光，给人一种诡异又充满未知的感觉。在制作按钮特效的过程中，应用图层样式效果为图形设置立体效果和光影变化，然后进一步对按钮图像进行编辑和修饰来加强这种光泽的变化。文字处理与按钮相结合，成为一个整体。其中对文字的细节调整，打破了文字呆板的视觉效果，在统一中又有变化，最终效果如图 7.2.1.1 所示。

图 7.2.1.1　最终效果

📽 相关知识

三维是在顶视图、正视图、侧视图及透视图中来创作编辑物体的，以一个具有长、宽、高三种度量的立体物质形态出现，这种形态可以表现在商品的外型上，也可以表现在商品的容器或其他地方。

在网页设计里，三维风格的表现简单得多。三维空间的设计可借助于三维的造型手法，通过折叠、凹凸的处理，使画面产生浮雕、立体等三维效果。三维构成以丰富厚重的内涵、深度及多层次、全方位的展现，给人以深厚，强烈的视觉感受。

🖱 实现方法

1．打开 Photoshop CS6，打开素材文件夹 7.2.1 中的背景图片"素材 1"，如图 7.2.1.2 所示。

2．选择工具箱中的圆角矩形工具▢，然后设置选项栏，接着在视图中绘制两个大小相同的圆角矩形路径，如图 7.2.1.3 所示。

图 7.2.1.2　打开素材

图 7.2.1.3　绘制矩形路径

3．单击图层面板底部的"创建新图层"按钮 ▣，新建"图层 1"，按下 Ctrl+Enter 快捷键，将路径转换为选区。设置前景色（R：0、G：100、B：40），填充选区，如图 7.2.1.4 所示。

提示：将绘制的两个路径略微交叠排放，在转换成选区的时候成为一个连续的选区。

4．执行"图层"—"图层样式"命令，打开"图层样式"对话框，参照图 7.2.1.5 和图 7.2.1.6 设置对话框，为 GAME 按钮添加图层样式。

图 7.2.1.4　将路径填充颜色

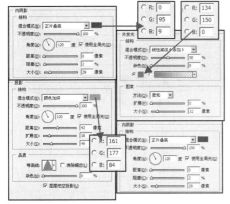

图 7.2.1.5　为 GAME 按钮添加图层样式 1

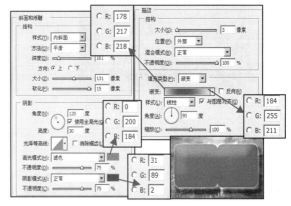

图 7.2.1.6　为 GAME 按钮添加图层样式 2

5．在图层面板中拖动"图层 1"至面板底部的"创建新图层"按钮 🔲 处，创建"图层 1 副本"，如图 7.2.1.7 所示。

图 7.2.1.7　创建图层 1 副本

6．使用工具箱中的钢笔工具，在视图中再次绘制路径，然后将路径转换为选区，如图 7.2.1.8 所示。

7．执行"选择"—"羽化"命令，在打开的"羽化选区"对话框中，设置羽化半径为 10 像素，如图 7.2.1.9 所示。

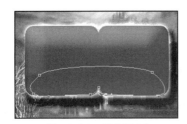

图 7.2.1.8　绘制选区

图 7.2.1.9　羽化设置

8. 在图层面板中新建"图层 2"，设置背景色（R：148、G：218、B：16），填充选区，如图 7.2.1.10 所示。

提示： 在绘制图像反光效果的时候，由于图像带有凝胶按钮的质感特点，所以应注意反光边缘的处理要柔和。

9. 单击图层面板中的蒙版，为"图层 2"添加蒙版。设置前景色为黑色，使用画笔工具对蒙版进行编辑，如图 7.2.1.11 所示。

图 7.2.1.10 新建"图层 2"填充选区

图 7.2.1.11 编辑蒙版

10. 选择工具箱中的横排文字工具，在试图中创建字母 GAME，然后执行"图层"—"栅格化"—"文字"命令，将文字所在图层转换为普通层，文字设置参数与效果如图 7.2.1.12 所示。

提示： 某些命令和工具（如滤镜效果和绘图工具）不可用于文字图层，所以必须在应用命令或使用工具之前栅格化文字。栅格化能将文字图层转换为正常图层，但其内容不能再作为文本进行编辑。

11. 使用矩形选框工具，在文字上绘制一个矩形选区，然后将选区内的图像删除，如图 7.2.1.13 所示。

图 7.2.1.12 编辑"GAME"文字

图 7.2.1.13 绘制矩形选区并删除

12. 单击"图层"—"图层样式"，为该图层设置外发光效果，设置参数与效果如图 7.2.1.14 所示。

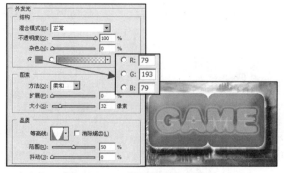

图 7.2.1.14 设置外发光效果

13．复制文字图像所在图层，创建一个副本图层。然后对该图层的图层样式中的"外发光"样式参数进行更改，并添加"斜面和浮雕"图层样式，设置参数与效果如图 7.2.1.15 所示。

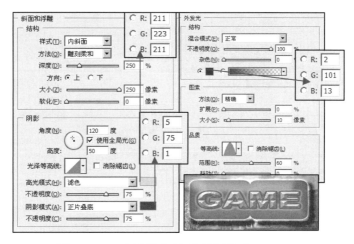

图 7.2.1.15　为图层副本添加图层样式

14．按下 Ctrl 键的同时，单击任一文字图像作为选区载入，单击图层面板底部的"创建新的填充或调整图层"按钮，在弹出的菜单中选择"亮度/对比度"命令，设置参数与效果如图 7.2.1.16 所示。

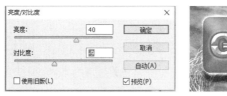

图 7.2.1.16　调节亮度/对比度

15．使用工具箱中的画笔工具，对该调整层的蒙版进行编辑，使得图像的暗部不受该调整的影响。进一步加强图像的明暗色调对比，增强了光感效果，如图 7.2.1.17 所示。

图 7.2.1.17　调整蒙版效果

16．按下 Ctrl 键的同时，单击"亮度/对比度 1"调整图层的蒙版的缩略图，将其作为选区载入，然后添加"色相/饱和度 1"调整图层，调整选区内图像的色调，如图 7.2.1.18 所示。

17．再次将文字图像作为选区载入，然后新建"图层 3"，用白色填充选区。参照图 7.2.1.19 为图像添加内发光效果。接着将"图层 3"的混合模式改为"正片叠底"。

图 7.2.1.18　调整图像色调

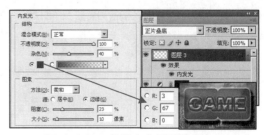

图 7.2.1.19　编辑文字图层效果

18．新建"图层 4"，使用钢笔工具在视图上绘制路径，将路径转换为选区后填充为淡绿色（R：227、G：245、B：207），效果如图 7.2.1.20 所示。

19．为"图层 4"添加图层蒙版并对蒙版进行编辑，然后将"图层 4"的混合模式设置为亮光，将不透明度改为 55%，如图 7.2.1.21 所示。

图 7.2.1.20　绘制光泽区域

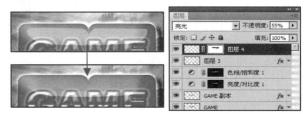

图 7.2.1.21　设置光泽蒙版效果

提示： 制作按钮的高光，在对图像进行编辑的时候要注意调整画笔的大小以及不透明度，增加按钮的光泽感。

20．新建"图层 5"，设置前景色为深绿色（R：50、G：86、B：25），使用工具箱中的椭圆工具绘制一个椭圆图像，然后参照图 7.2.1.22 和图 7.2.1.23 为图像添加图层样式。

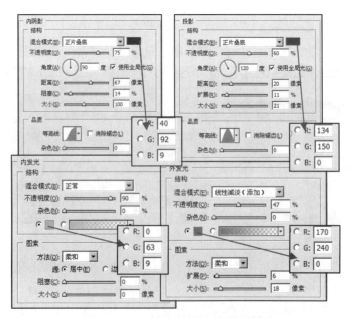

图 7.2.1.22　为圆形按钮添加图层样式

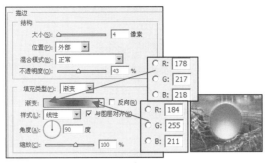

图 7.2.1.23　为圆形按钮添加描边

21．新建图层 6，使用椭圆选框工具绘制一个椭圆选区，然后将选区填充为青色（R：88、G：255、B：207），将选区取消。使用橡皮擦工具，擦掉部分图像，制作出按钮的高光部分，如图 7.2.1.24 所示。

22．复制出其他两个按钮图像，并在视图中添加相关文字信息，如图 7.2.1.25 所示。

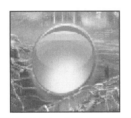

图 7.2.1.24　制作按钮高光

图 7.2.1.25　复制其他按钮部分

23．单击图层面板底部的"创建新的填充或调整图层"按钮，在弹出的菜单中执行"亮度/对比度"命令，设置对话框调整图像整体色调，登录界面就制作完成了，设置参数与效果如图 7.2.1.26 所示。

图 7.2.1.26　调整亮度对比度

归纳小结

本节内容主要了解游戏登录框的场景渲染和气氛表现。通过图层样式做出凝胶材质和水晶透明效果。

知识目标：

（1）了解凝胶材质的表现方法；

（2）了解游戏气氛渲染的表现方式和登录框与背景统一搭配的技巧。

能力目标：

（1）能够具备熟练运用图层样式设计制作游戏登录框的能力；

（2）能够具备熟练使用所需材质搭配颜色达到与背景效果和谐统一，渲染游戏气氛的能力。

7.2.2 中国风网页的设计——游戏网页设计

🔘 任务描述

　　小艺所在的设计公司接到某游戏公司的游戏主页界面设计项目。小艺负责整个游戏主页的网页界面设计。这是一款以中国传统文化和古代故事为主线的游戏，小艺分析，游戏主题就是中国传统的古代故事，整个网页的设计风格也要紧紧把握这一主题，以中国风为主。网络游戏主要表现的是画面的唯美和游戏设计的对抗性。所以小艺决定用红黑两色为主色调，表现中国风格也表现神秘感，最终效果如图 7.2.2.1 所示。

图 7.2.2.1　最终效果

🎬 相关知识

　　中国红与青花蓝、琉璃黄、国槐绿、长城灰、水墨黑和玉脂白构成一道缤纷的中国传统色彩风景线。而这些颜色也正是中国风格网页设计中用到最多的颜色。

　　红色：中国红（又称绛色）是三原色中的红色，以此为主色调衍生出中国红系列色彩，娇嫩的榴红、深沉的枣红、华贵的朱砂红、朴浊的陶土红、沧桑的铁锈红、鲜亮的樱桃红、明艳的胭脂红、羞涩的绯红和暖暖的橘红。

茶色：茶色具有古色古香的秦风唐韵，因而成为中国风格网页设计中最重要的颜色之一。茶色很多情况下被用作网页的主色调。调和不同明度的茶色，茶色与朱砂红、黑色的搭配都是设计师惯用的手法。

黑白灰：如果想演绎出浓浓的水墨风情，那黑白灰的配色方案是个不错的选择。国画少不了一个红色的印章，同样水墨风格的网页中加以红色点缀，会起到画龙点睛的作用，使页面变得鲜活、灵动。作为中性的配色，如果想把中国风格演绎得时尚一些，黑白灰也是不错的选择。

实现方法

1．启动 Photoshop CS6，新建一个文件，设置参数如图 7.2.2.2 所示。

2．在素材文件夹中找到古典建筑场景的背景图"素材 1"，如图 7.2.2.3 所示。

图 7.2.2.2　新建文档

图 7.2.2.3　背景素材

3．将背景图复制到新建的空白图层中，如图 7.2.2.4 所示。

图 7.2.2.4　将背景素材复制如空白图层

4．使用变形工具（Ctrl+T 快捷键）将图片与背景图层大小匹配，移动背景图到合适的位置，如图 7.2.2.5 所示。

5．执行"滤镜"—"模糊"—"表面模糊"命令，如图 7.2.2.6 所示。

图 7.2.2.5　调整背景图的位置大小

图 7.2.2.6　添加模糊滤镜

6. 网页设计需要良好的布局，可以通过参考线的位置来确定网页设计元素的布局。单击工具栏上的"视图"—"标尺"，规划网页版面功能区域的分布，如图 7.2.2.7 所示。

7. 新建一个图层，使用右侧工具栏中的钢笔工具，按照刚刚拉好的标尺，描出一个闭合的矩形，然后选中选区（Ctrl+Enter 快捷键），用拾色器选择深灰色（R：30、G：31、B：28），填充该选区（Ctrl+Del 快捷键），然后取消选区（Ctrl+D 快捷键），如图 7.2.2.8 所示。

图 7.2.2.7　使用参考线规划版面

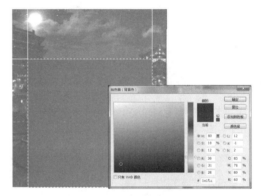

图 7.2.2.8　填充中间版面

8. 选中图层 2，选择上方工具栏的滤镜库，执行"纹理"—"颗粒"—"龟裂纹"命令，设置参数与效果如图 7.2.2.9 所示。

图 7.2.2.9　为图层 2 添加龟裂纹理效果

9．现在开始绘制导航条，使用钢笔工具和矩形工具画出如图 7.2.2.10 所示的导航条。

10．画好矩形并选中选区，然后选中右侧工具栏中的渐变工具，双击色条处选择红黑渐变，在视图中拉出渐变，如图 7.2.2.11 所示。

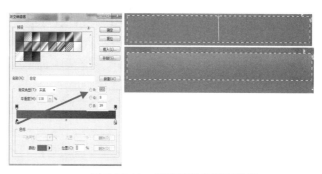

图 7.2.2.10　绘制导航条　　　　　　　图 7.2.2.11　设置导航条渐变效果

11．打开素材文件夹 7.2.2 中的"素材 2"并复制到"女角色"图层中，使用变形工具（Ctrl+T 快捷键）将人物缩放至合适的大小，如图 7.2.2.12 所示。

12．选择"女角色"图层将其拖拽到网页背景图层上面，如图 7.2.2.13 所示。

图 7.2.2.12　加入人物素材　　　　　　　图 7.2.2.13　调整人物素材位置

13．打开素材文件中的"素材 3"，将其摆放在左上角的位置上，背景中的月亮刚好加强了文字的对比，有集中视线的效果，如图 7.2.2.14 所示。

图 7.2.2.14　调整 LOGO 位置

14．观察效果，背景有点对比过强，气氛融合不够自然，可以使用笔刷来修正。新建图层，选择工具栏中的画笔工具，刷出自然且斑驳的效果，进一步烘托古典、怀旧的气氛，如图 7.2.2.15 所示。

图 7.2.2.15　用笔刷融合人物与背景效果

15．使用横排文字工具 T 输入"首页"，字体为汉仪行楷，大小为 48，选中文字图层并选择混合选项，如图 7.2.2.16 所示。

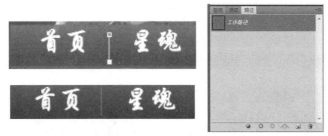

图 7.2.2.16　制作导航条文字

16．使用钢笔工具描出如下路径，然后单击右键，执行"描边路径"—"铅笔"命令，设置参数与效果如图 7.2.2.17 所示。

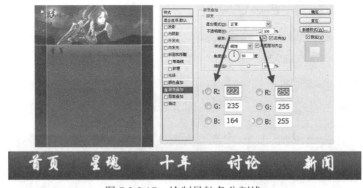

图 7.2.2.17　绘制导航条分割线

17．按照上述步骤制作导航条的其他按钮，如图 7.2.2.18 所示。

图 7.2.2.18　制作导航条其他按钮

18．开始制作网页内容，打开素材文件夹 7.2.2，导入"素材 4"边框图片，如图 7.2.2.19 所示。

19. 根据之前规划的网页版面设计，将边框素材图片变形并摆放在合适的位置，如图 7.2.2.20 所示。

图 7.2.2.19　加入边框素材

图 7.2.2.20　加入其他边框

20. 使用钢笔工具中的矩形工具画出矩形按钮，然后用渐变工具拉出渐变，如图 7.2.2.21 所示。

21. 用前面的方法制作其他按钮，如图 7.2.2.22 所示。

图 7.2.2.21　制作游戏下载按钮

图 7.2.2.22　制作其他按钮

22. 在渐变按钮上使用文字工具添加所需文字，如图 7.2.2.23 所示。

23. 复制边框并调整大小，制作下方的图片轮播栏，如图 7.2.2.24 所示。

图 7.2.2.23　添加按钮文字

图 7.2.2.24　复制边框制作图片轮播栏

24. 在播放栏中添加游戏图片，使用变形工具将其调整为合适的大小，如图 7.2.2.25 所示。

25. 然后用钢笔工具描出一个三角形的闭合路径，制作左右翻页效果，如图 7.2.2.26 所示。

26. 使用横排文字工具打出"新手指南"，渐变效果同上，如图 7.2.2.27 所示。

图 7.2.2.25　添加轮播图片

图 7.2.2.26　制作翻页按钮

图 7.2.2.27　制作"新手指南"

27. 使用钢笔工具绘制出新手指南区域路径，用铅笔描边，如图 7.2.2.28 所示。

图 7.2.2.28　绘制"新手指南"区域

28. 用横排文字工具填上网页相关的内容和新闻，最终效果如图 7.2.2.1 所示。

归纳小结

本节内容主要设计制作典型的中国风格游戏网页界面，通过本案例使学生了解如何把握网页界面的设计风格和气氛表现。

知识目标：

（1）了解网页风格设计的原则；

（2）熟练掌握 Photoshop 综合使用各类工具的能力。

能力目标：

（1）能够具备熟练运用网页风格设计的原则设计出符合主题的网页界面的能力；

（2）能够具备熟练使用 Photoshop 中的各类工具制作界面的能力；

（3）能够熟练运用渐变工具制作渐变效果界面的能力。

任务 7.3　网页界面的配色表现

任务要求

　　一直以来小艺在公司的表现都很出色，在网页设计和配色上也有自己独到的理解。首席设计师交给小艺两个设计项目，要求根据用户界面项目的主题内容风格确定网页界面的配色方案。小艺分析，第一个项目是名为蓝特的网页空间登录界面设计，根据这个空间的名字，小艺初步决定选用蓝色调搭配。第二个是一个咖啡网站界面的设计任务，网站主要宣传咖啡这一产品，所以在颜色选取上也采用咖啡本来的颜色进行色彩协调性搭配。在设计中恰当地运用网页配色的相关知识，更好地表达设计主题。

7.3.1　网页界面的配色表现——蓝特空间登录界面设计

任务描述

　　如今社会各种网页、应用软件都需要登录的界面，不但可以保护私人信息，还能完成个性化选择设置，同时也可以收集客户信息等，所以登录界面也是网页界面设计中十分重要的部分。小艺根据前期的分析结果，将要制作一个符合蓝特空间主题的登录界面，而蓝特空间主题主要需要体现商务、现代、简约的感觉，而蓝色象征着稳重、理智、科技、时代，所以小艺选择蓝色为登录界面主打色进行设计搭配。最终效果如图 7.3.1.1 所示。

图 7.3.1.1　最终效果

相关知识

　　网页配色设计的整体原则：

　　（1）统一性原则。网页界面必须有主色调，即一色为主，它色为辅，整套页面用色不宜太多，一般 2 至 3 种颜色为佳。色彩愈少，愈醒目，整体感愈强。

　　（2）对比性原则。同一产品上的色彩相互对比，有的有前进感，有的有后退感。暖色有前进感，冷色、灰色有后退感。明度对比中，浅色（白色）有前进感，深色（黑色）有后退感；白色有扩张感，黑色在浅色（白色）包围中有收缩感。

　　（3）功能性原则。色彩具有划分和指示产品功能区域，传达内容的功能，因此可以借助色彩的这一作用来对页面按钮、显示屏等功能部分进行区分。

（4）系列化原则。配色还应当从网站页面的系列化角度来考虑。通过使用统一的配色方案或者多色彩的配色方案，使其看起来形象更加统一，也有利于形成局部差异、整体统一的页面系统和形象语言。

🖱 实现方法

1．打开 Photoshop CS6，新建一个文档，设置参数如图 7.3.1.2 所示。

2．整个界面分为两部分，色彩具有划分和指示产品功能区域的功能，因此可以借助色彩的这一作用来对界面两侧进行区域划分。为了使画面搭配和谐，用一套有彩色和一套无彩色进行搭配，使画面简约时尚。新建"图层 1"，使用圆角矩形工具绘制一个圆角矩形，填充黑色，如图 7.3.1.3 所示。

图 7.3.1.2　新建文档

图 7.3.1.3　绘制黑色圆角矩形

3．为"图层 1"添加投影效果，设置如图 7.3.1.4 所示。

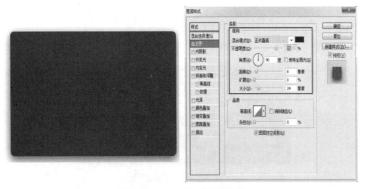

图 7.3.1.4　添加投影效果

4．按住 Ctrl 键单击"图层 1"，得到"图层 1"的选区，新建"图层 2"，填充颜色（R：99、G：99、B：99）。为"图层 2"添加蒙版，如图 7.3.1.5 所示。

图 7.3.1.5　为"图层 2"添加蒙版

5. 为"图层 2"添加"斜面和浮雕"和"渐变叠加"图层样式,设置如图 7.3.1.6 和图 7.3.1.7 所示。

6. 按照前面的方法制作旁边的蓝色圆角矩形,整个页面以蓝色为主导色,渐变色和效果如图 7.3.1.8 所示。

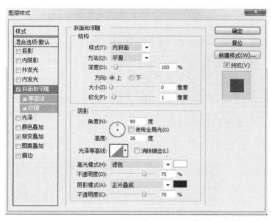

图 7.3.1.6　添加"斜面和浮雕"图层样式

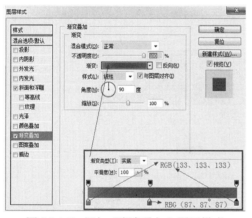

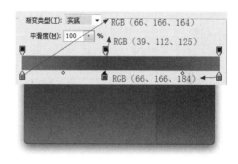

图 7.3.1.7　添加"渐变叠加"图层样式　　　　图 7.3.1.8　制作蓝色圆角矩形

7. 现在制作蓝色圆角矩形的反光部分,使其呈现一定的立体效果。为了使页面颜色统一而又有变化,采用同种色彩搭配原则。首先选定一种色彩,然后调整其透明度和饱和度,将色彩变淡或加深而产生新的色彩,这样的页面看起来色彩统一且具有层次感。所以新建"图层 3",使用钢笔工具绘制如图 7.3.1.9 所示的路径,填充颜色(R:98、G:157、B:201)并为其添加蒙版,设置不透明度为 40%,效果如图 7.3.1.9 所示。

8. 新建"图层 4",使用矩形工具绘制 1 个像素的矩形,填充颜色(R:94、G:106、B:110),如图 7.3.1.10 所示。

9. 新建"图层 5",使用矩形工具绘制 1 个像素的矩形,填充颜色(R:53、G:138、B:154),如图 7.3.1.11 所示。

10. 选择横排文字工具,输入 Lantern Login,并为其添加图层样式,设置参数与效果如图 7.3.1.12 所示。

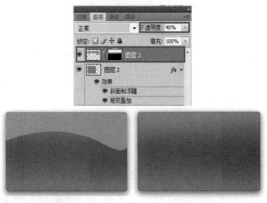

图 7.3.1.9　制作蓝色矩形反光部分

图 7.3.1.10　绘制"图层 4"

图 7.3.1.11　绘制"图层 5"

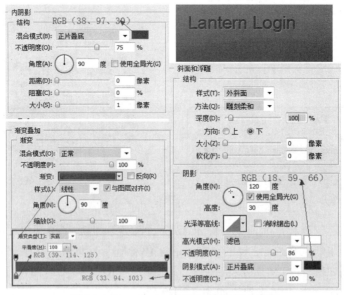

图 7.3.1.12　　Lantern Login 图层样式设置

11．新建"图层 6"，使用圆角矩形工具绘制矩形，填充颜色（R：30、G：88、B：97），并为其添加图层样式，设置如图 7.3.1.13 所示。

12．新建"图层 7"，使用椭圆工具并按住 Shift 键绘制 7 个圆点，填充白色，如图 7.3.1.14 所示。

13．在矩形框上方输入文字"用户名"，为其添加图层样式，设置如图 7.3.1.15 所示。

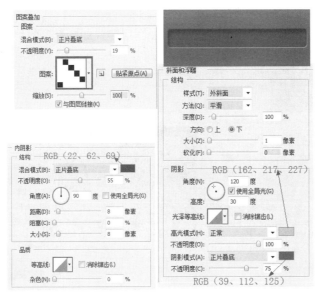

图 7.3.1.13　"图层 6"图层样式设置

图 7.3.1.14　"图层 7"圆点绘制

图 7.3.1.15　"用户名"图层样式设置

14．复制用户名框的图层，将文字改为"登录密码"，如图 7.3.1.16 所示。

15．现在需要制作登录按钮，新建"图层 8"，使用圆角矩形工具绘制一个圆角矩形，填充颜色（R：30、G：87、B：97），并为其添加图层样式，设置参数和效果如图 7.3.1.17 所示。

图 7.3.1.16　绘制登录密码框

图 7.3.1.17　制作"登录"按钮

16. 复制"图层 8"，图层样式改动如图 7.3.1.18 所设置。

17. 在做好的按钮上输入文字"登录"，添加图层样式如图 7.3.1.19 所示。

 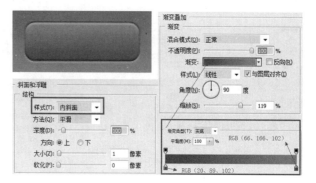

图 7.3.1.18　进一步完善登录按钮　　　　图 7.3.1.19　为"登录"文字添加图层样式

18. 绘制"蓝特空间"LOGO，使用钢笔工具勾勒曲线，输入文字排版并为文字添加图层样式，设置参数和效果如图 7.3.1.20 所示。

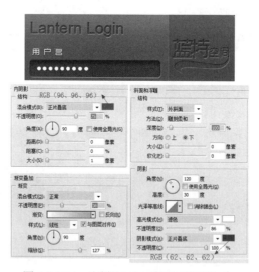

图 7.3.1.20　绘制 LOGO 并添加图层样式

19. 现在需要绘制 LOGO 下方线条来分割右边的布局。为增加层次感，使用矩形工具绘制两个 1 像素的矩形并填充不同层次的灰色（R：62、G：62、B：62 和 R：160、G：160、B：160），放置到如图 7.3.1.21 所示位置。

20. 在 LOGO 下绘制矩形按钮，添加渐变叠加效果，如图 7.3.1.22 所示。

21. 在做好的按钮上输入文字"忘记密码"，设置文字颜色（R：71、G：146、G：159），设置图层样式，设置参数与效果如图 7.3.1.23 所示。

22. 参照前面的方法设置完成剩下的按钮，效果如图 7.3.1.24 所示。

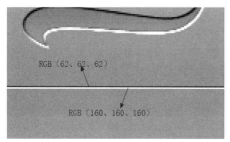

图 7.3.1.21　绘制分割线条

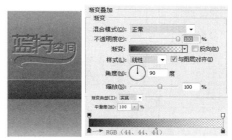

图 7.3.1.22　制作矩形按钮

图 7.3.1.23　制作"忘记密码"文字

图 7.3.1.24　完成其他按钮制作

23. 导入合适的背景，整个登录界面案例完成。最终效果图如 7.3.1.1 所示。

 归纳小结

本节内容主要了解网页配色设计的整体原则，以及如何综合使用 Photoshop 中的工具制作界面细节，完整地制作出网页登录界面。

知识目标：

（1）掌握网页设计中材质特效的表现方法；

（2）熟练掌握 Photoshop 中图层样式的多项功能。

能力目标：

（1）能够具备熟练运用网页设计原则设计制作不同材质的网页登录界面的能力；

（2）能够具备熟练综合使用 Photoshop 工具制作不同界面材质的能力。

7.3.2　个性网页的设计制作——咖啡主题网页设计

任务描述

国内以咖啡为主题的网页设计不多，而在国外网站中比较常见，且设计精致、类型多样。小艺接到首席设计师布置的某品牌咖啡的网页设计项目。根据前期的分析结果及参考国外类似网站的设计搭配，她决定页面颜色搭配多偏向于咖啡色，为了和咖啡杯的简单搭配传达舒适、惬意的概念，整套页面配以咖啡色的邻近色，整体给人典雅、舒适、惬意之感，其中 LOGO 的设计尤为重要，起到画龙点睛的效果。最终效果如图 7.3.2.1 所示。

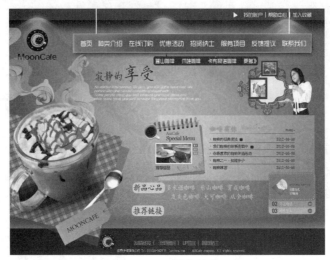

图 7.3.2.1　最终效果

相关知识

网页界面色彩搭配方法：界面配色很重要，界面颜色的搭配是否合理会直接影响到访问者的情绪。好的色彩搭配会给访问者带来很强的视觉冲击力，不恰当的色彩搭配则会让访问者浮躁不安。

（1）同种色彩搭配，是指首先选定一种色彩，然后调整其透明度和饱和度，将色彩变淡或加深，而产生新的色彩，这样的页面看起来色彩统一，具有层次感。

（2）邻近色彩搭配，邻近色是指在色环上相邻的颜色，如绿色和蓝色、红色和黄色。采用邻近色搭配可以使网页避免色彩杂乱，易于达到页面和谐统一的效果。

（3）对比色彩搭配，一般来说，色彩的三原色（红、黄、蓝）最能体现色彩间的差异。色彩的强烈对比具有视觉诱惑力，能够起到以下几个作用。对比色可以突出重点，产生强烈的视觉效果。合理使用对比色，能够使网站特色鲜明、重点突出。在设计时通常以一种颜色为主色调，其对比色作为点缀以起到画龙点睛的作用。

（4）暖色色彩搭配，是指使用红色、橙色、黄色等色彩的搭配。这种色调的运用可为页面营造出稳性、和谐和热情的氛围。

（5）冷色色彩搭配，是指使用绿色、蓝色及紫色等色彩的搭配，这种色彩搭配可为页面营造出宁静、清凉和高雅的氛围。冷色色彩与白色搭配一般会获得较好的视觉效果。

（6）有主色的混合色彩搭配，是指以一种颜色作为主要颜色，同时辅以其他色彩混合搭配，形成缤纷而不杂乱的搭配效果。

实现方法

1. 打开 Photoshop CS6，执行"文件"—"新建"命令，在弹出的"新建"对话框中对相关参数进行设置，如图 7.3.2.2 所示。

2．新建"图层 1"，设置前景色（R：236、G：217、B：199），为该图层填充前景色。

3．新建"图层 2"，使用矩形工具在画布中绘制矩形。

4．选择"图层 2"，为其添加"渐变叠加"图层样式，并对相关参数进行设置，如图 7.3.2.3 所示。

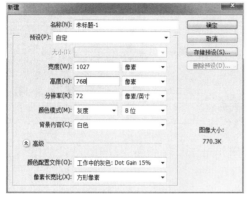

图 7.3.2.2　新建文档

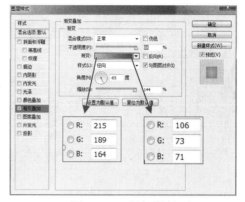

图 7.3.2.3　添加渐变

5．完成"图层样式"对话框的设置，可以看到图像效果，如图 7.3.2.4 所示。

6．打开素材文件夹 7.3.2 中的"素材 1"，置入背景花纹图案素材，如图 7.3.2.5 所示。

图 7.3.2.4　背景效果

图 7.3.2.5　加入背景花纹图案素材

7．为素材图层添加蒙版，然后选择画笔工具，设置前景色为黑色，在蒙版上进行适当的涂抹。设置该图层的混合模式为线性加深，不透明度为 19%，如图 7.3.2.6 所示。

8．新建"图层 5"，使用钢笔工具在画布中绘制路径，如图 7.3.2.7 所示。

图 7.3.2.6　调整背景花纹叠加效果

图 7.3.2.7　绘制钢笔路径

9. 将路径转换为选区，设置前景色为白色，为选区填充前景色，如图 7.3.2.8 所示。

10. 为该图层添加蒙版，使用渐变工具在蒙版中填充白到黑的线性渐变，同时设置该图层的混合模式为"叠加"，设置如图 7.3.2.9 所示。

图 7.3.2.8　填充白色

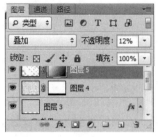

图 7.3.2.9　制作光线效果

11. 新建"图层 6"，设置前景色为黑色，使用矩形工具在画布中绘制矩形，如图 7.3.2.10 所示。

12. 执行"滤镜"—"模糊"—"高斯模糊"命令，在弹出的对话框中对相关参数进行设置，如图 7.3.2.11 所示。

图 7.3.2.10　绘制黑色矩形

图 7.3.2.11　添加高斯模糊效果

13. 根据"图层 5"的制作方法制作出"图层 7"，设置混合模式为"滤色"，然后复制，得到效果如图 7.3.2.12 所示。

图 7.3.2.12　绘制光点效果

14. 新建"图层 8"，使用矩形选项工具绘制矩形选区，填充渐变色，设置如图 7.3.2.13 所示。

15. 新建"图层 9"，绘制矩形，填充颜色（R：30、G：23、B：20），并将"图层 8"放置到如图 7.3.2.14 所示的位置。

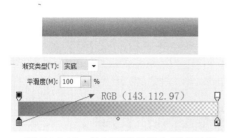

图 7.3.2.13　绘制矩形并添加渐变效果

图 7.3.2.14　添加下端黑色矩形

16. 新建"图层 10"，使用多边形工具绘制三角形，设置字体为 14 点，输入如图 7.3.2.15 所示的文字。

17. 用钢笔工具工具勾勒出网页的 LOGO 并放置合适的位置，如图 7.3.2.16 所示。

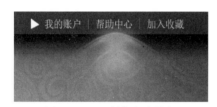

图 7.3.2.15　制作文字按钮

图 7.3.2.16　添加网站 LOGO

18. 新建"图层 11"，使用矩形选框工具在画布中绘制矩形选区，设置渐变颜色，为选区填充线性渐变，设置参数和效果如图 7.3.2.17 所示。

19. 设置该图层的混合模式为叠加，填充为 70%，如图 7.3.2.18 所示。选中"图层 11"，执行"图层样式"—"描边"命令，在弹出的对话框中对相关参数进行设置，如图 7.3.2.19 所示。

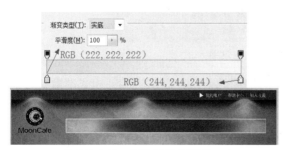

图 7.3.2.17　制作导航条渐变

图 7.3.2.18　设置导航条混合模式

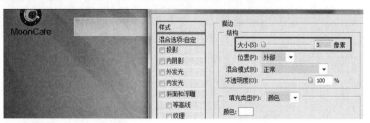

图 7.3.2.19　设置导航条图层样式

20．新建"图层 12"，绘制矩形选区，填充颜色（R：70、G：25、B：5），添加蒙版。

21．设置该图层的混合模式为线性光，填充为 20%，如图 7.3.2.20 所示。

图 7.3.2.20　改变导航条混合模式

22．新建"图层 13"，选择矩形工具，设置前景色为黑色，然后在画布中绘制矩形。执行"滤镜"—"模糊"—"高斯模糊"命令，在弹出的对话框中对参数进行设置，如图 7.3.2.21 所示。

图 7.3.2.21　为导航条背景添加高斯模糊效果

23．将"图层 13"放置到合适的位置，如图 7.3.2.22 所示。

图 7.3.2.22　导航条效果

24．使用前面的方法制作出页面中其他部分的图像效果。添加咖啡杯和底部素材时，打开素材文件夹 7.3.2，选择素材 2、3、4 并导入，同时将其调整偏黄绿色，接近咖啡色的邻近色，使其与画面和谐，如图 7.3.2.23 所示。

25．新建"图层 19"，设置前景色为白色，然后使用矩形工具在画布中绘制矩形。设置其混合模式为柔光，不透明度为 80%，如图 7.3.2.24 所示。

图 7.3.2.23　添加素材

图 7.3.2.24　绘制半透明矩形

26．添加相应素材和文字效果，如图 7.3.2.25 所示。

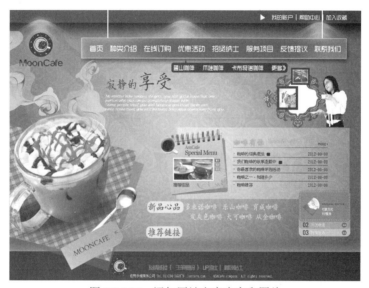

图 7.3.2.25　添加网站文字内容和图片

归纳小结

本节内容主要了解网页界面色彩搭配方法，以及如何用 Photoshop 的渐变填充和画笔描边工具制作版面细节，完整地制作出咖啡网站页面。

知识目标：

（1）掌握网页界面色彩搭配方法；

（2）掌握 Photoshop 的渐变填充功能；

（3）掌握 Photoshop 的图层样式的使用方法和调色功能。

能力目标：

（1）能够具备熟练运用网页界面色彩搭配方法设计出符合主题的网页界面的能力；

（2）能够具备熟练使用 Photoshop 的渐变填充功能制作界面的能力；

（3）能够具备熟练使用 Photoshop 的画笔描边功能制作界面的能力。

IT 工作室

根据以上案例的设计分析，针对学校设计一套符合其内容和精神风貌的网页界面，要求运用对比色搭配原则，设计效果可参考图 7.3.2.26。

图 7.3.2.26　设计效果

 **项目总结**

本项目主要掌握的知识和技能：

（1）掌握网页界面设计的设计方法；

（2）了解网页界面设计的设计流程；

（3）理解网页界面设计的设计类型；

（4）能够把握网页界面设计的风格搭配；

（5）能够根据不同工具的使用功能，设计不同的网页界面。

 综合实训

规划设计某品牌购物网站设计。

要求：

（1）风格明确；

（2）设计感强，配色和谐；

（3）需详细展示商品的外观和功能；

（4）设计网页的三级界面。

模块 8
艺术插画与画册设计

工作情境

　　宣传画册是企业对外宣传自身文化和产品特点的广告媒介之一，画册设计就是当代经济领域里的市场营销活动。平面设计师小艺需根据客户的企业文化与市场推广策略，合理安排画册（印刷品）画面的三大构成关系和画面元素的视觉关系，甚至在设计过程中需要用到艺术插画增加画册的艺术性，使其达到企业品牌和产品广而告之的目的。因此研究宣传册设计的规律和技巧具有现实意义，这也是一个合格的平面设计师必须掌握的设计技能。

解决方案

　　通常项目中的画册设计重点要注意宣传册应该真实地反映商品、服务和形象信息等内容，清楚明了地介绍企业的风貌，使其成为企业产品与消费者在市场营销活动和公关活动中的重要媒介。画册的设计风格和表现手法要与企业形象以及宣传的产品相一致。有以下几种设计方法：

　　（1）优秀的企业画册都有好的主题

　　提炼主题是画册设计的第一步，主题是对品牌发展战略、企业形象战略、营销战略的提炼和领悟。没有主题的提炼，葡萄还是葡萄，酿出的不可能是有品位的葡萄酒，画册是机械的陈列，不是展现或者表现，更不是表达。

　　（2）优秀的企业画册一定有一个好的"导演"

　　一本好的画册就是一部优秀的电影，故事的编造、节奏的控制、画面的抢眼程序等都很考验导演的水准。画册的架构就是电影的架构。有好架构的画册，就如电影有了节奏。有了好的架构，画册就有了"起、承、转、合"。

　　（3）优秀的企业画册也有好的创意

　　好的创意不只属于杂志、广告。好的创意符合画册表现策略，在任何地方都体现画册主题。

　　（4）优秀的企业画册有漂亮的版式

　　如同好的时装款式，要新不要旧。好的版式会注意对历史的继承关系，也会吸收国际化的方向，注意留白，吸纳国际化的元素。

　　（5）优秀的企业画册一定要有摄影或艺术插画

　　许多企业愿意花很多钱在产品研发上，而展示在画册上的却是劣质产品；现代企业的团队作战，在企业画册里很少获得体现。优秀的企业画册在表达企业文化时，会创造出一些独特的集体图片。

能力要求

通过本项目的知识学习和技能训练，要求具备以下能力：
（1）能够具备根据需要分析和把控设计风格和方向的能力；
（2）能够具备使用装饰插画的设计方法为设计作品搭配风格合适的装饰纹样的能力；
（3）能够具备根据画面主体造型选择合适的视觉表达方式，构图设计出平衡的装饰插画的能力；
（4）能够具备根据插画主体搭配出色彩和谐统一的装饰插画的能力；
（5）能够具备熟练使用 Photoshop 的钢笔工具绘制出完整的装饰插画的能力；
（6）能够具备根据设计需要熟练使用蒙版和通道，准确地选择复杂的图案选区的能力。

任务 8.1　装饰插画设计与制作

任务要求

首席设计师交给小艺一项装饰插画设计的任务。这套装饰插画要求以中国元素为题材，结合设计构成及现代绘图软件将传统与现代有机地融合为一体。小艺经过分析决定以中国戏曲中的人物"吕布"为设计对象，其视觉表达方式采用中国戏曲脸谱和剪纸的构成形式，同时结合现代软件的配色技巧，设计构思并制作出一套具有传统特征的现代装饰插画。

8.1.1　装饰插画视觉表达——分析设计"吕布"装饰绘画

任务描述

首席设计师交给小艺一项装饰插画设计的任务。这套装饰插画的视觉表达具有一定的艺术性。这套插画的创作过程并不仅限于如何运用软件来制作出一套插画，而是在制作之前需要整体地去构思一套插画的视觉表达，选定创作插图的素材，想好整个画面构图，在纸上画好几种构图并选定其中一种最满意的构图后完整地将其制作出来。这也是将三大构成和装饰绘画的知识运用于实践。最终效果如图 8.1.1.1 所示。

图 8.1.1.1　最终效果

📑 相关知识

　　构成知识：构成画面中是否有平面构成里的点、线、面。点、线、面是设计中最基本的三要素。这三个要素的适用条件有大小、数量、方向、位置、重心。任何画面都要讲究编排，要有一个主导骨架，它的作用在于将散乱的图形元素有序地编排成单元形。画面的视觉表达还必须有节奏有层次，画面风格必须有聚有散，始终围绕画面的主题物进行编排。

　　配色知识：画面色调必须统一，突出主色调，并在色调统一的基础上丰富画面的色彩。整体调整画面的色相变化、明度变化、纯度变化、冷暖变化以及色彩的空间层次变化，这样画面才能在整体中求变化，才能丰富统一。

🖱 实现方法

　　1．选定创作插画的主题

　　创作要求必须选择具有中国特色的主题和具有装饰性的中国元素，因此小艺选择中国京剧脸谱剪纸为插画的创作主题，具体参考如图 8.1.1.2 所示。

图 8.1.1.2　脸谱参考图片

　　2．设计装饰插画的主题元素

　　选择剪纸花纹的设计表现形式创作吕布京剧剪纸插画，具体参考与设计效果如图 8.1.1.3 所示。

图 8.1.1.3　参考吕布京剧剪纸插画设计草图

3. 装饰插画构图设计

每个画面的形态构成中都包含点、线、面，这是设计中最基本的三要素。这三个要素的适用条件有大小、数量、方向、位置、重心。小艺将画面主题重心放置在左边，为了分割画面，增强画面的张力和运动感，在画面中偏右的底部设计具有层次的块面，起到丰富层次稳定画面的作用，如图8.1.1.4所示。

图 8.1.1.4　确定版面构成

4. 装饰插画层次关系

画面里单个装饰元素的布置要始终围绕主体物展开。画面的整体装饰都要围绕主体物展开，但又不能抢了主题物的风头，要有一定的层次关系，让人一眼就能看出画面的重心。任何画面都有一个诱导力——把我们的眼睛从一点引领到另一点上去的力。如图8.1.1.5所示。

图 8.1.1.5　分布单个装饰元素

5. 装饰插画的整体配色

设计好构图后，针对整个构图要考虑好整个画面的色调及各个元素的用色，在色调统一的基础上丰富画面的色彩，整体调整画面的色相变化，如图8.1.1.6所示，明度变化和纯度变化如图8.1.1.7所示。为了使主体突出，可以适当调整色彩的纯度和明度，加强或减弱某些色彩，让整个画面色彩显得既丰富又井然有序。

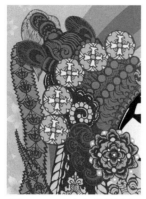

图 8.1.1.6　确定整体用色

图 8.1.1.7　弱化辅助元素色彩

6. 装饰插画的冷暖关系

在色调统一、颜色丰富的基础之上还要注意冷暖关系，就算同一色系中也可以划分出相对的冷色和暖色，画面有冷有暖才能搭配的协调。比如画面中有偏冷的绿和偏黄暖的绿之分，如图 8.1.1.8 所示。

图 8.1.1.8　区分同色系冷暖关系

7. 装饰插画的色彩空间感

在整体统一的情况下，增加画面的层次感及空间感，通过主观的"空间处理"的方法有正负形、颜色的渐变、减缺、单独、联合、差叠、透叠、羽化。比如画面中底部运用了渐变和透叠，如图 8.1.1.9 所示，细小装饰运用了羽化效果，如图 8.1.1.10 所示。

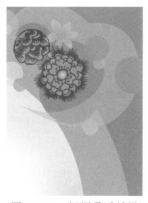

图 8.1.1.9　运用叠透效果

图 8.1.1.10　调整羽化效果

归纳小结

本节内容主要了解装饰插画的前期设计构思、创作来源，以及如何运用设计构成、色彩构成知识完善装饰插画的视觉表达。

知识目标：

（1）了解装饰插画的风格表现；

（2）了解装饰插画的构图技巧；

（3）了解装饰插画的色彩搭配技巧。

能力目标：

（1）能够具备根据需要分析和把控设计风格和方向的能力；

（2）能够具备使用装饰插画的设计方法为设计作品搭配风格合适的装饰纹样的能力；

（3）能够具备根据画面主体造型和装饰选择合适的视觉表达方式，构图设计出平衡的装饰插画的能力；

（4）能够具备根据插画主体搭配出色彩和谐统一的装饰插画的能力。

8.1.2　装饰插画设计制作——"吕布"装饰绘画制作

任务描述

首席设计师交给小艺一项装饰插画设计的任务。这套装饰插画的视觉表达具有一定的艺术性。前期小艺已经选定了这套插画设计主题、元素以及画面风格、色彩和构图。以上构思全部完成后，小艺开始在计算机中运用 Photoshop CS6 软件作画。她选的素材是以中国戏曲中的人物造型为主体，将剪纸中的纹样与现代构成理念相结合，创作一套完整的装饰插画。最终效果如图 8.1.2.1 所示。

图 8.1.2.1　最终效果图

相关知识

钢笔工具与路径选择工具：熟练掌握用钢笔工具勾出路径，按住 Alt 键可以改变路径方向。勾好路径后选择路径选择工具，按住 Alt 键可以复制路径。

保存选区与创建选区：基于蒙版的灰阶信息创建选区，按住 Ctrl 键并单击图层选区，然后单击通道面板，新建通道 Alpha 1，将选区填充为白色并保存在 Alpha 1 里。反过来也可在通道 Alpha 1 中将已保存的选区选中，回到图层面板，在相应的图层中创建选区，或按住 Ctrl+Shift+I 快捷键反选选中保存区域外的图形。

实现方法

1. 首先在纸上绘制好主体物线稿，扫描到计算机中用 Photoshop CS6 打开，然后按 Ctrl+Shift+L 快捷键自动色阶，按 Alt+Ctrl+Shift+L 快捷键自动对比度，按 Ctrl+L 快捷键调好线稿色阶。效果如图 8.1.2.2 所示。

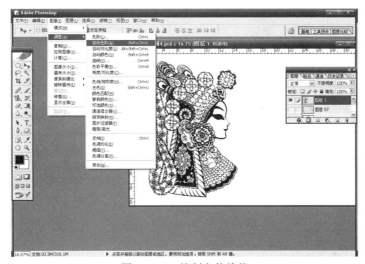

图 8.1.2.2　绘制主体线稿

2. 围绕主题开始对整个画面进行构图定位，将主题物线稿始终放在最上面一层。效果如图 8.1.2.3 所示。

图 8.1.2.3　构图定位整体画面

3. 按最上层主题物的造型和脑中想好的层次用钢笔工具勾出主体，然后新建多个图层，分色块在不同的层上填充不同的色彩，效果如图 8.1.2.4 所示。

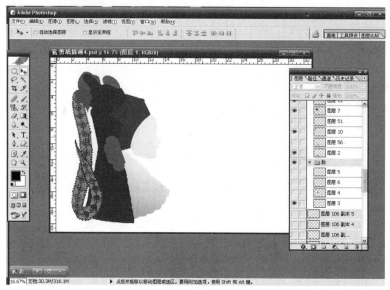

图 8.1.2.4　勾出主体并填充颜色

4. 用钢笔工具分图层画好装饰纹样，勾画主题物上的小花或小饰物时先从最底层勾画，先画好一个小花或小饰物，然后将选区转换路径按住 Alt 键复制路径，当复制完成后将路径变成选区新建一个图层，可以用前景色或背景色按 Ctrl+Delete 快捷键或 Alt+Delete 快捷键平涂，也可以适当运用渐变。效果如图 8.1.2.5 所示。

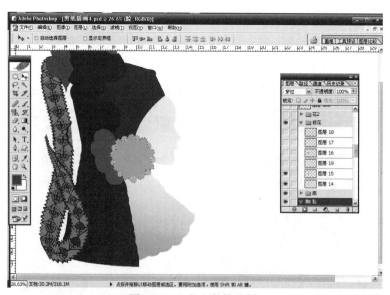

图 8.1.2.5　勾出装饰纹样

5. 画脸部或大块面装饰时，先将脸部或大块面造型用钢笔工具勾好，然后在通道中新建一个图层，用白色填充保留选区，效果如图 8.1.2.6 所示。

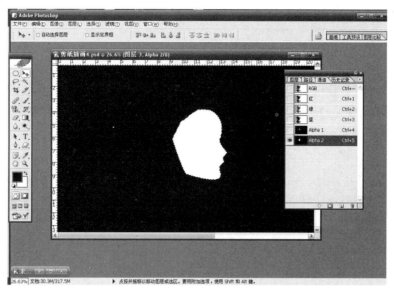

图 8.1.2.6　勾画脸部并填色

6．按住 Ctrl 键选中最上面一层线稿，然后按 Ctrl+Shift+I 快捷键反选，再回到通道按住 Ctrl+Shift+Alt 快捷键并选择刚保留的一层选区。选好后单击通道里的 RGB 层，再返回到图层面板新建一个图层填充颜色，这时脸部装饰就画好了。效果如图 8.1.2.7 所示。

图 8.1.2.7　勾画五官

7．如果刚画好的装饰位置与我们想的有所出入，可以选择移动工具，然后按 Ctrl+T 快捷键调整位置，或按住 Ctrl 键或 Ctrl+Shift 快捷键调整四个角来变换造型。效果如图 8.1.2.8 所示。

8．如果是变换选区的造型就要单击"选择"—"变换选区"命令，如图 8.1.2.9 所示。

9．整体效果出来后开始勾勒人物的小装饰，如图 8.1.2.10 所示。

10．在勾勒小装饰时也要注意上色要有层次，主体物是吕布，而人物头饰是一层层的，那么我们只需要画好一朵花然后复制即可。效果如图 8.1.2.11 所示。

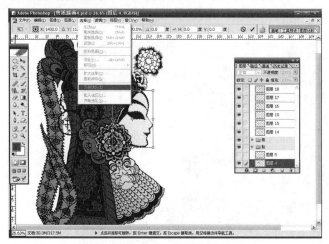

图 8.1.2.8　调整造型　　　　　　　　　　　图 8.1.2.9　变换选区造型

图 8.1.2.10　勾画人物小装饰　　　　　　　图 8.1.2.11　多次复制绘制小装饰

11．这一步与第 5 步、第 6 步的画法相同，先保留选区，然后选好自己需要填充的部位加以上色。效果如图 8.1.2.12 所示。

图 8.1.2.12　保留选区并填充上色

12．在主体人物底层选羽化效果的大笔刷，有变化地涂抹于底层然后调整不透明度，效果如图 8.1.2.13 所示。

13．根据原来线稿的构图将整体的大色块用钢笔工具勾出来，并有层次地平涂上色。

14．底部有的装饰要画出立体的层次，要根据素描关系适当地运用渐变，根据需要调整每一层的不透明度。效果如图 8.1.2.14 所示。

图 8.1.2.13　在底层涂抹羽化效果　　　　　图 8.1.2.14　绘制叠透效果色块

15．主体人物画好后，整体调整画面，调整每个细节使之与整体相协调，要丰富整个画面，渲染出气氛，添加多个小装饰。可以将主题物中的部分纹样复制到各处形成呼应，但不能喧宾夺主，可以调整不透明度，降低其纯度和明度。效果如图 8.1.2.15 所示。

16．最后为了使画面有透气、华丽、晶莹剔透的感觉，可以在不同的图层点缀些经羽化的白色小星星，用羽化的笔刷点些小白点在画面局部。但不要随意点，要做到前面说的有聚有散，使画面丰富有节奏感。最终效果如图 8.1.2.16 所示。

图 8.1.2.15　添加小装饰　　　　　　　图 8.1.2.16　添加羽化小星星

 归纳小结

本节内容主要了解装饰插画运用现代软件的设计与制作过程，在制作这套插画的过程中重点运用了钢笔工具勾画主体形象和装饰纹样。同时也掌握了运用通道进行选区的保存和选择图案中细小琐碎装饰的方法和技巧。

知识目标：

（1）了解钢笔工具与路径选区工具的使用方法；

（2）了解如何利用通道保存选区的方法；

（3）了解蒙版、通道与选区的区别。

能力目标：

（1）能够具备熟练使用 Photoshop 的钢笔工具绘制装饰插画的能力；

（2）能够具备使用装饰插画的设计方法选择和处理合适的装饰图案能力；

（3）能够具备根据设计需要熟练使用蒙版和通道准确地选择复杂的图案选区能力；

（4）能够具备运用现代软件设计制作装饰插画的能力。

 IT 工作室

根据以上案例和前期构思，以"中国皮影"主题设计并制作一套传统与现代相结合的装饰插画。设计效果可参考图 8.1.2.17。

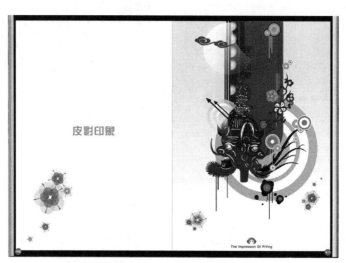

图 8.1.2.17　设计效果

任务 8.2　艺术画册设计与制作

 任务要求

首席设计师交给小艺一套艺术风格的画册设计任务。这套艺术画册的主题是养生会所的宣传，主要在于体现中国人自古以来的养身精神。小艺经过分析决定运用人们所熟知的中国元素（主要是物质文化层面的），使画册作品蕴含中国味。这些视觉元素常用的有水墨画、瓷器、茉莉花、白鹤、松、鼎、八卦等。小艺想利用这些元素表达传统养生的精神理念，起到为养生会所宣传的作用。

8.2.1　艺术画册风格表现——构思"养生"会所宣传画册的风格创作

任务描述

首席设计师交给小艺一套艺术风格的画册设计任务。这套艺术画册风格上具有一定的艺术性。而这套画册的创作过程并不仅限于如何运用软件来制作，而是在制作之前需要整体地去构思一套画册的风格表现特点在平面设计中的应用原则以及整个编排版面的统一，并拟定构图方式，然后选定其中一种最满意的构图后能完整地将其制作出来。最终效果如图 8.2.1.1 所示。

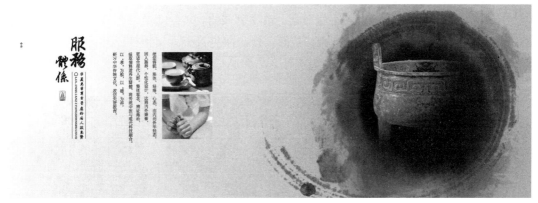

图 8.2.1.1　对称构图效果

相关知识

水墨画的笔墨语言：水墨风格的平面设计最重要的表现方法在于笔墨，而笔墨也就是中国水墨风格的艺术语言。笔墨包括笔法和墨法两种，笔法重视造型和思想情感，它是一种风格的象征；墨法指墨有浓、淡、破、积、泼、焦、宿七种，墨色的深浅浓淡造成了水墨风格作品的不同韵味。水墨画的笔墨语言构成了不同的黑白层次和肌理效果，成就了中国文化特有的一种艺术。

水墨画的人文精神：水墨风格是中国特有的一种艺术形式，它是中国人生活观、哲学观以及审美精神的体现。墨色是一种黑白抽象归于平淡的观念，简洁的笔墨蕴含着道家天人合一的思想，水与墨的交融是一种艺术的表现力。中国水墨画体现了中国文人高雅、含蓄而富有儒家、道家与禅宗的思想和精神境界，它重视神似，被看作中国甚至东方艺术精神的载体。

实现方法

1. 选定创作画册的整体风格

首先这套宣传画册的主题是养身，而中国人的养身精神素来蕴含中国人特有的生活观、哲学观以及审美精神，所以小艺经过分析决定运用人们所熟知的中国元素（主要是物质文化层面的），使画册作品整体倾向于中国风。

2. 选定符合主题的中国元素及艺术表现风格

所谓"中国元素"是指具有中国典型民族特色的设计元素，比如中国书法、中国水墨画、篆刻印章、中国结、秦砖汉瓦、京戏脸谱、皮影、中国漆器、汉代竹简、甲骨文、文房四宝（砚台、毛笔、宣纸、墨）、竖排线装书、剪纸、风筝、如意纹、祥云图案、中国织绣（刺绣等）、凤眼、彩陶、紫砂壶、中国瓷器、国画、敦煌壁画、石狮、唐装、筷子、汉字、金元宝、如意、八卦等。纵观优秀的设计作品，都从材料、造型、装饰纹样和加工工艺等方面注重传统文化与时尚的巧妙结合。那么小艺决定根据主题中蕴含的道家天人合一的思想以及一种高雅的人文精神，选用水墨画风格作为画册的主基调，而水墨画正好蕴含了这种精神境界，水与墨的交融也是中国特有的一种艺术风格。

3. 选定画册中的笔墨表现方式

水墨画中的笔墨表现重点在于笔法和控制水与墨的比例,水墨运笔效果注重抑扬顿挫、虚实变化、运笔流畅所产生飘逸的视觉效果。水墨语言的表现除了笔法还有写意,它强调简洁明快、生动、自然,淡化了计算机的操作痕迹,使画面更具有人文精神。因此小艺为画册选定了以下笔墨表现的素材,如图 8.2.1.2—图 8.2.1.4 所示。

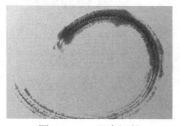 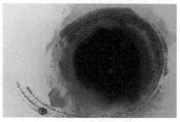 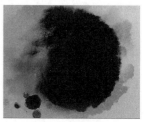

图 8.2.1.2　飘逸运笔　　　　　图 8.2.1.3　晕染效果 1　　　　　图 8.2.1.4　晕染效果 2

4. 确定画册中的水墨构图

水墨构图是指在特定的画面内将个别局部的艺术形象与水墨效果有机结合,使其符合艺术构成规律。而中国水墨画构图讲究布白和虚实,除了主体艺术形象外,需在画面里大量留白,构成空灵的意境和透气感,而水墨笔法特有的肌理美、秩序美能使画面有运动美感。因此小艺为了平衡画面,在板式构图上安排了大量留白并在主体物对角压上文字说明,使画面平衡稳定,灵活赋予变化,如图 8.2.1.5 所示。

图 8.2.1.5　构图形式

5. 选定画册中的水墨图形

在画册内的图形设计上,设计者可以根据不同的主题内容,以水墨效果和中国元素的搭配作为图形基础。笔法塑造形体要产生粗细、长短、刚柔、曲直等不同变化,还要根据所搭配的中国元素所产生的心理感受变换水墨笔法的线条和水墨溶度,墨色柔和淡雅给人秀美之感,墨色浓而浑浊给人雄伟豪放之感。所以主题不同,所选用的水墨技法也不同,图形使人产生的视觉感受也不同。而小艺选用了中国元素中具有代表性的白莲、鼎、八卦、瓷瓶、山水画等图形,配合不同的水墨质感表达出各项养生主题,如图 8.2.1.6 所示。

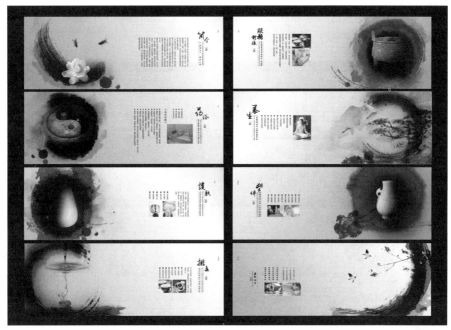

图 8.2.1.6　最终的图形效果

 归纳小结

本节内容主要了解艺术画册的前期设计构思、创作来源，以及如何运用选取中国元素、水墨画的笔墨语言和人文精神知识完善艺术画册的风格表现。

知识目标：

（1）了解水墨画的笔墨语言；

（2）了解水墨画的人文精神；

（3）了解水墨风格画册的构图方式；

（4）了解水墨风格画册的笔墨表现方式；

（5）了解水墨风格画册的图形搭配方式。

能力目标：

（1）能够具备熟练使用使用笔墨表现技法设计中国风格艺术画册的能力；

（2）能够具备使用水墨画留白技巧设计中国风格艺术画册的能力；

（3）能够具备根据水墨风格画册图形搭配的方式设计符合主题的艺术画册的能力。

8.2.2　艺术画册设计制作——养生会所宣传画册的排版制作

任务描述

经过一年多的历练，公司认为小艺的能力非常不错，将小艺提拔为设计师并负责完整的设计方案。最近小艺接到一套艺术风格的画册设计任务，这套艺术画册已经选定用水墨风格，主要运用水墨的笔法和墨色浓度，肌理配上白莲、鼎、八卦、瓷瓶、山水画等图形表达养生这一主题。在整个构图中，小艺将平面构成和水墨画的构图原理相结合，然后整体地编排制作文字和图形使画面完整统一。最终效果如图 8.2.2.1 所示。

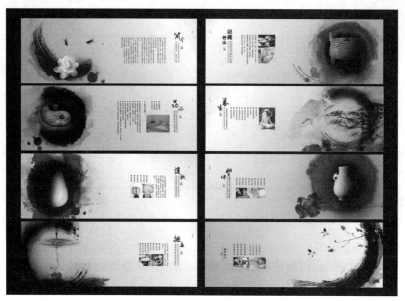

图 8.2.2.1　养生会所宣传画册整体设计

📑相关知识

正片叠底：正片叠底[色彩增值]（multiply）Photoshop 中图层混合方式的一种。单通道正片叠底就是将需要叠加的图层复制一层，双击新图层打开图层混合选项，选择"正片叠底"、B 通道、调节不透明度即可。如果感觉叠出来的颜色效果不佳，可在复制一层叠加或单独调整叠加层的颜色和不透明度，使其自然和谐。

🖱 实现方法

1. 新建一个文档，制作 01、02 页，设置参数如图 8.2.2.2 所示。01、02 页的内容主要是养生会所的简介，在元素选择范围上可以放宽一些，这里选择的金鱼和白莲代表一种宁静养生的状态。

2. 在画布上填充白色，再填充渐变#b4bab4 到#ffffff，效果如图 8.2.2.3 所示。

图 8.2.2.2　新建文档

图 8.2.2.3　设置渐变

3．打开素材文件夹 8.2.2，选择水墨元素"素材 1""素材 2"，在左边放入水墨元素，本案例版式构成主要是左右相对对称的，大面积的留白是中国风格的主要表现，效果如图 8.2.2.4 所示。

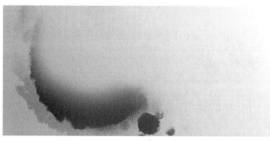

图 8.2.2.4　添加水墨笔触素材

4．上面表现的是晕染的墨迹，下面是利用浓重一些的墨迹来加强表现效果，如图 8.2.2.5 所示。

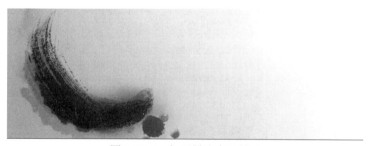

图 8.2.2.5　加强墨迹表现效果

5．打开素材文件夹 8.2.2，加入"素材 3""素材 4"，将红色金鱼和白色茉莉花稍做调整，处理出如图 8.2.2.6 所示的效果，为整个画面起到画龙点睛的作用。

图 8.2.2.6　加入金鱼和花卉素材

6．接下来要排版文字。在文字选用上，大标题和副标题使用毛笔类的，正文选用正规常用文字即可。排版中也要注意文字大小关系和层次效果，版式一旦选定，再往后几页的画册中最好不要有太大变动。文字都是竖排版，效果如图 8.2.2.7 所示。

7．新建一个文档，制作 03、04 页，设置和背景色同前。使用笔刷在画布左边绘制圆形墨迹。不需要所有的墨迹都完整地出现，正是有这样的不完整，才让整个作品更具有设计性，效果如图 8.2.2.8 所示。

8．在画好的墨圈上再绘制一个墨晕，效果如图 8.2.2.9 所示。

图 8.2.2.7　竖排版文字

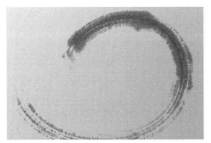

图 8.2.2.8　添加墨迹笔刷效果

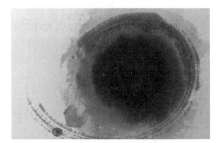

图 8.2.2.9　添加水墨墨晕效果

9．本页主要内容是服务理念，而中国的鼎是诚信正立的象征，所以选用鼎作为主要素材。置入鼎的素材图片，经过色调调整和色彩叠加实现如图 8.2.2.10 所示的效果。

图 8.2.2.10　放入鼎素材并调整颜色

10．仿照 02 页文字效果排版，编排文字和图片完成后效果如图 8.2.2.11 所示。

11．新建一个文档，制作 05、06 页，设置和背景色同前。使用笔刷在画布左边绘制圆形墨迹，效果如图 8.2.2.12 所示。

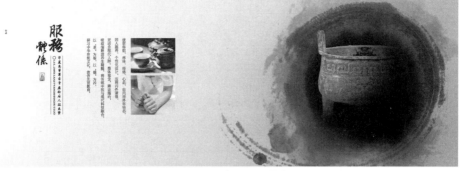

图 8.2.2.11　完成图文排版

12．复制墨层，调整为暖色，图层混合模式改为色相，效果如图 8.2.2.13 所示。

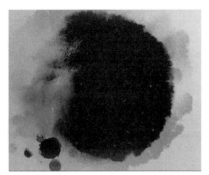

图 8.2.2.12　添加墨染素材

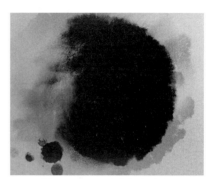

图 8.2.2.13　改变颜色色相

13．本页面主要内容是"药浴"，中国调理讲究阴阳调和，就这一方面我们选用八卦图来表示阴阳。置入八卦图素材，然后叠加墨层，让两个素材融合在一起，效果如图 8.2.2.14 所示。

图 8.2.2.14　置入八卦素材

14．接着再模仿 01、02 页排版文字就可以了，效果如图 8.2.2.15 所示。

15．新建一个文档，制作 07、08 页，本页的主要内容是养生，松和鹤都是长寿的象征。设置和背景色同上，置入松的水墨画，效果如图 8.2.2.16 所示。

16．绘制水墨晕染图层，在圆弧处要多复制几层，这样的墨晕元素和前几页有呼应，达到风格统一，效果如图 8.2.2.17 所示。

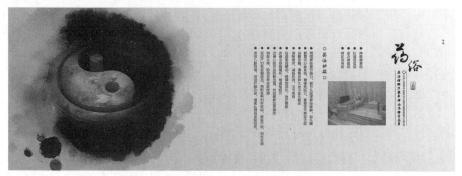

图 8.2.2.15　完成图文排版

图 8.2.2.16　置入松素材

图 8.2.2.17　添加墨晕元素

17．放入两只飞翔的白鹤素材，白鹤本身的颜色就是黑和白，与水墨画浑然天成。这种水墨和现实物体融合的设计被越来越多地运用，效果如图 8.2.2.18 所示。

图 8.2.2.18　添加白鹤素材

18．排版文字和图片即完成，效果如图 8.2.2.19 所示。

图 8.2.2.19　完成图文排版

19．新建一个文档，制作 10、11 页，设置和背景色同前。本页的主要内容是护肤，温润的玉石代表软滑的肌肤，富有中国韵味，所以选用玉石素材和绘制墨晕，效果如图 8.2.2.20所示。

20．叠加第二层墨晕，效果如图 8.2.2.21 所示。

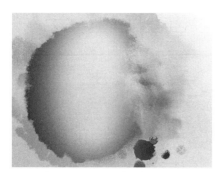

图 8.2.2.20　添加墨晕效果

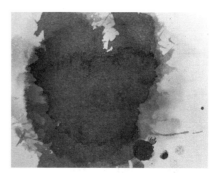

图 8.2.2.21　叠加第二次墨晕

21．叠加第三层墨晕是为了让各种墨的笔触更自然更有层次，效果如图 8.2.2.22 所示。

22．放入玉石素材，利用蒙版让玉石渐变出现四分之三，然后在玉石高光处绘制一次白色光晕提亮整个玉石，也让玉石亮得有点模糊，模仿光亮晕染开的感觉，效果如图 8.2.2.23 所示。

图 8.2.2.22　第三次叠加墨晕效果

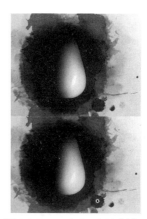

图 8.2.2.23　加入玉石素材

23．接下来排版文字就完成了，效果如图 8.2.2.24 所示。

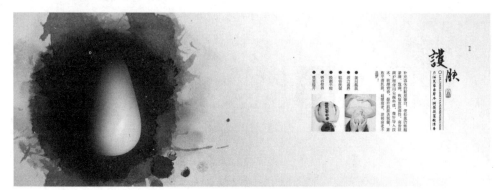

图 8.2.2.24　完成图文排版

24．新建文档，制作 11、12 页，设置和背景色同前。在画布右侧绘制墨晕，效果如图 8.2.2.25 所示。

25．本页的主要内容是塑体，在中国元素中最常见也最符合女性身体曲线的就是瓷器，特别是瓷花瓶，所以我们选用瓷器素材。做出与前面玉石一样的渐变呈现的设计手法让风格统一，对墨迹色彩的调整也是这个目的，效果如图 8.2.2.26 所示。

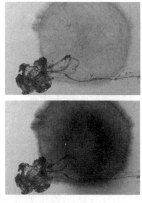

图 8.2.2.25　绘制墨晕效果　　　　　　　图 8.2.2.26　添加瓷器花瓶

26．接下来完成排版文字与图片即可，效果如图 8.2.2.27 所示。

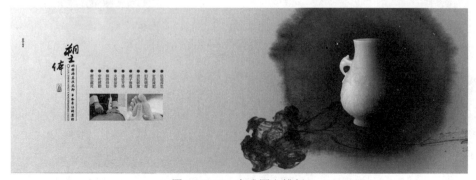

图 8.2.2.27　完成图文排版

27．新建一个文档，制作 13、14 页，设置和背景色同前。本页表达的内容是排毒，排毒利用具体形象是很难表现的，中国画中更多的是写意。想起水，大家的第一感觉都是清彻，这就是一个很好的元素，水墨和水更是有很多"意"上面的关系。加入墨晕素材，效果如图 8.2.2.28 所示。

28．在圆弧墨迹下方绘制横向墨迹，效果如图 8.2.2.29 所示。

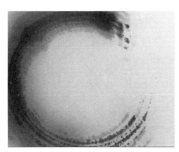　　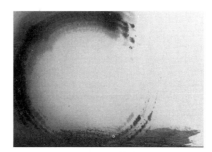

图 8.2.2.28　加入水墨笔触　　　　　　　　图 8.2.2.29　添加横向水墨笔触

29．前面我们已经说要用水来表现排毒，水的状态一般用水波来表现，要是只有水和墨迹，那么整个画面会显得很单薄，如果我们加上一个毛笔的素材，整个画面就活了起来。再加上排版的文字就可以了，效果如图 8.2.2.30 所示。

图 8.2.2.30　加入毛笔素材完成图文排版

30．新建一个文档，制作 15、16 页，设置和背景色同前。最后一页是养生会所的一首宣传小诗，那么为了首尾有种呼应的感觉，我们最后选用的素材也是花类——梅花。同样，先绘制墨晕，效果如图 8.2.2.31 所示。

31．置入梅花素材，效果如图 8.2.2.32 所示。

图 8.2.2.31　绘制墨晕效果　　　　　　　　图 8.2.2.32　添加梅花素材

32．只加入梅花的话，整个画面会有些空泛，我们可以加上两只鸟，让画面变得丰富活泼起来，效果如图 8.2.2.33 所示。

图 8.2.2.33　加入水墨小鸟

33．最后再排版好文字就完成了，效果如图 8.2.2.34 所示。

图 8.2.2.34　完成图文排版

 归纳小结

本节内容主要了解艺术画册运用现代软件的排版制作过程，在排版制作这套画册的过程中重点运用了正片叠底等效果。同时也掌握了编排画册的方法和技巧。

知识目标：

（1）了解图层正片叠底的使用方法；

（2）了解墨晕与图形协调色彩的技巧；

（3）了解艺术水墨画册排版技巧。

能力目标：

（1）能够具备熟练使用 Photoshop 的正片叠底效果混合图片素材的能力；

（2）能够具备熟练使用 Photoshop 软件编排艺术画册的能力；

（3）能够具备把控画册整体风格和文字排版的能力。

IT 工作室

根据以上案例和前期构思，以"中国水墨"风格构思并制作一套传统和现代相结合的艺术画册。设计效果可参考图 8.2.2.35。

图 8.2.2.35　设计效果

任务 8.3　商业画册设计与制作

任务要求

首席设计师交给小艺一套商业画册设计任务。这是一套表现星级酒店经典的画册，主要突出酒店精致高档的服务。这套画册的设计要求绝不是简单地在版面上填充一些文字和图形，而是在看似单纯的形式中隐含着更深层的意义，画册的编排需要在节奏、韵律、渐变、穿插、跳跃、过渡、错落等形式美的变幻中呼唤着人们普遍感情上的激动、亲切、温暖、刺激、肃穆和庄严等情绪。这时需要小艺将无形的理念与有形的元素合理地组合在一起。

8.3.1　商业画册构成表现——星级酒店画册的构成分析

任务描述

首席设计师交给小艺一套商业画册设计任务。这套商业画册在设计上需要突出主题，要有时尚构成感，能合理地将无形的理念与有形的元素组合在一起。而这套画册的创作过程并不仅限于如何运用软件来制作，而是在制作之前需要整体地去构思一套画册的主题理念、构成表现特点，在平面设计中的元素应用以及整个编排版面的统一，并拟定排版方式、色彩搭配等。效果如图 8.3.1.1 所示。

图 8.3.1.1　主要效果图

相关知识

商业画册的类型：

（1）展示型画册。展示企业优势的画册，适合于稳定的发展型企业或者新企业，注重企业整体形象，画册的使用周期一般为一年。

（2）问题型画册。问题型画册重视解决营销问题、品牌问题，适合于发展快速、新上市、需转型、出现转折期的企业，比较注重企业的产品和品牌理念，画册的使用周期比较短，过一段时间，根据市场变化，需要推出新的画册。

（3）思想型画册。一般出现在领导型企业，企业领导者重视思想深度，适合于发展快速、新上市、 需转型、出现转折期的企业，画册注重企业的思想传达，是建立、提升品牌的重要工具。本画册使用周期为一年。

画册设计的元素：

（1）概念元素：所谓概念元素是那些非实际存在的、不可见的，但人们的意识又能感觉到的东西。例如我们看到尖角的图形会感觉上面有点，物体的轮廓上有边缘线。概念元素包括点、线、面。

（2）视觉元素：概念元素如果不在实际的设计中加以体现是没有意义的。概念元素通常是通过视觉元素体现的，视觉元素包括图形的大小、形状、色彩等。

（3）关系元素：视觉元素在画面上如何组织、排列是靠关系元素来决定的。包括方向、位置、空间、重心等。

（4）实用元素：指设计所表达的含义、内容、设计目的及功能。

实现方法

1. 整体分析星级酒店画册

首先这套宣传画册的主题内容是星级酒店的宣传，而星级酒店强调酒店的地理位置、周边设施、客房的舒适度、整体服务以及内部的环境。此宣传画册需要突出的是酒店位于城市的繁华中心地带，酒店装修新潮偏欧式风、设施齐全、服务周到。所以小艺经过分析决定以现代构成的表现方式设计此画册。

2. 界定此星级酒店画册的所属类型

此酒店宣传的目的是突出企业的整体形象，重视企业的思想传播，最终能建立和提升品牌形象。画册的设计更希望超越版面形式的功能，能进入到心灵的层面。不仅仅是文字、愉悦视觉、触动快感，而是将图文的版面通过无言的方式传达出一种精神和感情，以此来达到愉悦人们心灵、调动人们美感以及提高人们审美素质的目的。所以此画册是展示型和思想型画册的综合体。

3. 选定星级酒店画册的元素

通过以上分析，确定星级酒店画册的概念元素包括：城市中心、现代时尚、服务至上、实事求是。视觉元素则是通过概念元素进行提炼转换成视觉图形，选用了能代表繁华都市中心的照片，酒店外观照片、酒店内部夜景图、餐厅效果图以及能体现酒店服务内容的图片等，如图 8.3.1.2 至图 8.3.1.5 所示。

图 8.3.1.2　城市中心

图 8.3.1.3　酒店外观

图 8.3.1.4　餐厅效果图

图 8.3.1.5　酒店内部夜景

4. 选定酒店画册的编排方式

通过以上分析，我们选定了概念元素和视觉元素，然后就该选定关系元素了。所谓关系元素就是如何利用图片和文字组织画面。小艺决定采用密集的编排方式，在设计中这是一种常用的组织图面的手法，基本形在整个构图中可有疏有密，最密的地方常常成为整个设计的视觉焦点，在画面中造成一种视觉上的张力，像磁场一样具有节奏感。编排效果如图 8.3.1.6 所示。

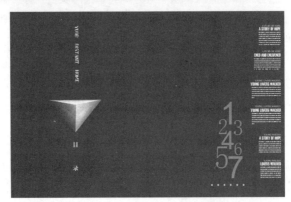

图 8.3.1.6 疏密关系对比排版

5. 选定酒店画册的情感色彩和基调

通过以上分析小艺选定酒店画册主色调是黑色、白色、棕色。色彩构成中的黑白灰属于无彩色系，但在现实生活中并不是无色。当物体对阳光中的红、橙、黄、绿、蓝、紫六种颜色全吸收时，物体为黑色；当对阳光中的红、橙、黄、绿、蓝、紫都反射时，则物体是白色；而部分吸收，部分反射时就是灰色。那么，黑色包含了全部色彩的色调，又不是毫无遮掩地暴露出来，它洋溢着色彩的功能和激情，又体现着"绚烂之极，归于平淡"的哲学思想。体现出一种沉稳睿智和一种精致、高档的感觉，如图 8.3.1.7 所示。确定了视觉元素和画册主色调后，我们就可以着手设计制作了。

图 8.3.1.7 画册主色基调

 归纳小结

本节内容主要了解商业画册的类型、前期设计构思、画册元素的创意来源，以及如何运用设计构成、色彩构成知识完善商业画册的构成表达。

知识目标：

（1）了解商业画册的类型；

（2）了解画册设计的元素内容；

（3）了解如何根据画册元素的选定编排方式；

（4）了解如何选择画册的情感色彩和基调。

能力目标：

（1）能够具备根据商业画册前期的分析确定画册类型设计画册的能力；

（2）能够具备根据商业画册前期的分析确定画册设计元素设计画册的能力；

（3）能够具备根据商业画册前期的分析确定画册编排方式和色彩基调设计画册的能力。

8.3.2　艺术画册设计制作——星级酒店画册设计制作

任务描述

设计总监交给小艺一套酒店画册的设计任务。酒店定位为五星级标准的高端商务酒店，主要的设计要求也是突显酒店的高端和奢华感。小艺经过分析采用黑色为主色调来突显酒店的高端大气感，运用城市的全景图烘托酒店的氛围，用金色金字塔形与数字组合突出画册的效果。结合酒店的环境图片和合理排版，使画册表现出星级酒店的奢华风，最终效果如图 8.3.2.1 所示。

图 8.3.2.1　星级酒店画册整体设计效果图

相关知识

Photoshop 调色工具：在 Photoshop 的"图像"—"调整"里有许多功能可以调整图片：

（1）"色阶"有调色功能可利用直方图调对比度和处理曝光度。

（2）"曲线"调整整体明暗度和色彩，但选区的东西很少用曲线去调整。

（3）"色彩平衡"是常用的调色工具，注意它调整色彩时不改变色彩的饱和度和亮度。

（4）"色相/饱和度"是 HSB 滑竿直接调整 H 色调、S 饱和度、B 亮度，勾选"着色"后整体加基调色，这点上与"黑白"效果是相同的。

（5）"可选颜色"就是 RGB、CMYK 和黑白中性滑竿去调整，其中黑白灰能调整整体明暗度。

（6）"替换颜色"就是吸取颜色后替换。

（7）"通道混合器"有两大功能，一个功能是去色时能调整去色细节，因此比灰度等直接变成黑白照更好；另一个功能是黑白图加色。

（8）"阴影高光"专门取消图像最亮最暗的部位，可配合其他调色法一起运用。

（9）"照片滤镜"就是一个加基调色的工具，建议将颜色调好后用照片滤镜。

实现方法

1．新建一个文档，制作 01、02 页，设置参数如图 8.3.2.2 所示，填充颜色为 #040000。

2．将素材图片和文字导入并调整，如图 8.3.2.3 所示。

图 8.3.2.2　新建文档

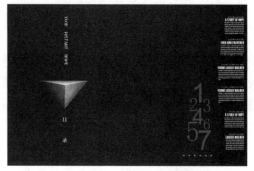

图 8.3.2.3　放入素材图片并编辑文字

3．新建一个文档，制作 03、04 页，文档设置同上，填充颜色为 #040000。

4．在画布上添加标尺并放入素材图片，如图 8.3.2.4 所示。

5．放入城市影像素材，接口处使用蒙版，使得素材衔接更自然，如图 8.3.2.5 所示。

图 8.3.2.4　放入素材添加标尺

图 8.3.2.5　放入城市素材

6．置入素材图片并使用画笔工具绘制一个白色梯形色块，添加蒙版，涂抹出如图 8.3.2.6 所示的效果。

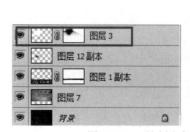

图 8.3.2.6　绘制白色梯形色块

7．用柔软的笔触画一个边缘羽化的圆，在蒙版涂抹边缘，模拟中心光源的效果，突出画面重心，如图 8.3.2.7 所示。

8．使用硬笔触绘制两条光束，复制叠加后，如图 8.3.2.8 所示。

图 8.3.2.7　绘制圆形光源

图 8.3.2.8　绘制光束

9．使用颜色#e9df48 绘制色块，并在蒙版上进行涂抹，营造暖光的效果，如图 8.3.2.9 所示。

10．最后加上文字排版就可以完成了，如图 8.3.2.10 所示。

图 8.3.2.9　绘制发光色块

图 8.3.2.10　文字排版

11．新建一个文档，制作 05、06 页，文档设置同前，填充颜色为#040000。

12．使用城市夜景素材，抠出城市房屋曲线，线条城市倒置在上方，不能和实体城市完全对称，如图 8.3.2.11 所示。

13．排版文字。页面上出现的硕大文字基本是装饰性的，文字大小的对比让视觉更容易集中在小的文字上。文字经过排版已经成为了画的一部分，如图 8.3.2.12 所示。

14．加上之前做好的倒金字塔素材，就可以完成了，如图 8.3.2.13 所示。

15．新建一个文档，制作 07、08 页，文档设置同前，填充颜色为#040000，如图 8.3.2.14 所示。

16．添加素材图片，使用蒙版涂抹出渐变虚幻效果，如图 8.3.2.15 所示。

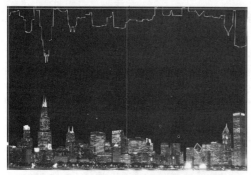

图 8.3.2.11 添加城市素材并绘制城市曲线

图 8.3.2.12 添加装饰文字

图 8.3.2.13 加入倒金字塔

图 8.3.2.14 新建文档并填充颜色

图 8.3.2.15 添加素材并用蒙版涂抹虚幻效果

17. 输入数字 1, 设置图层样式, 如图 8.3.2.16 至图 8.3.2.18 所示。

图 8.3.2.16 设置图层样式

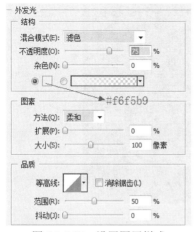 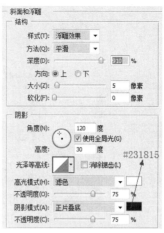

图 8.3.2.17　设置图层样式　　　　图 8.3.2.18　设置图层样式

18. 在数字图层上放入素材图片，按 Ctrl+Shift+G 快捷键创建了剪切模板，如图 8.3.2.19 所示。

图 8.3.2.19　创建图案数字效果

19. 最后排版好文字就完成了，如图 8.3.2.20 所示。

图 8.3.2.20　完成文字排版

20. 新建一个文档，制作 09、10 页，文档设置同前，填充颜色为#040000。

21. 在 09 页放入素材图片，图片调整为黑白色调，如图 8.3.2.21 所示。

图 8.3.2.21　放入素材图片并调整色调

22．排版好文字就完成了，注意文字的画面节奏感和大小搭配，如图 8.3.2.22 所示。

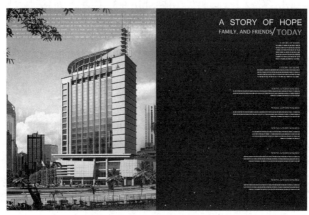

图 8.3.2.22　完成文字排版

23．新建一个文档，制作 11、12 页，文档设置同前，填充颜色为#ffffff。

24．在 11 页放入素材图片，调整成偏棕红色的色调，如图 8.3.2.23 所示。

图 8.3.2.23　放入素材图片并调整色调

25．排版文字，为 12 页的文字打造时尚水印，使得右边画面没那么空，如图 8.3.2.24 所示。

图 8.3.2.24　排版文字并绘制时尚水印

26．新建一个文档，制作 13、14 页，文档设置同前，填充颜色为#040000。

27．置入素材图片，前几页很多都是左边图右边文字，为了让表达形式不那么单一，在此把图片右置并调整素材的色调，如图 8.3.2.25 所示。

28．编排文字，数字 2 效果制作参照前面的数字 1，如图 8.3.2.26 所示。

图 8.3.2.25　调整图片色调

图 8.3.2.26　制作图案文字并排版

29．新建一个文档，制作 15、16 页，文档设置同前，填充颜色为#040000。

30．置入素材图片，如图 8.3.2.27 所示。

31．排版文字，注意文字大小搭配，如图 8.3.2.28 所示。

图 8.3.2.27　置入素材

图 8.3.2.28　排版文字

32．新建一个文档，制作 17、18 页，文档设置同前，填充颜色为#040000。这两页主要是排版，分成 3 个板块，每个板块都有图片素材，使得整个版面不显单调，如图 8.3.2.29 所示。

33．新建一个文档，制作 19、20 页，文档设置同前，填充颜色为#040000，置入素材图片，如图 8.3.2.30 所示。

图 8.3.2.29　图文排版

图 8.3.2.30　置入素材图片

34．排版入文字就可以完成了，如图 8.3.2.31 所示。

35．新建一个文档，制作 21、22 页，文档设置同前，填充颜色为#040000。排版时注意中间的英文与外边框的"破坏"，这种分割让排版看起来不会显得呆板，如图 8.3.2.32 所示。

图 8.3.2.31　排版文字并加入图案数字

图 8.3.2.32　图文排版

36．新建一个文档，制作 21、22 页，文档设置同前，置入天空的素材图片，如图 8.3.2.33 所示。

37．将装饰素材置入。这种设计方法使用的是重复，这是设计中比较常用的手法，加强给人的印象，造成有规律的节奏感，使画面统一，如图 8.3.2.34 所示。

图 8.3.2.33　置入天空素材

图 8.3.2.34　加入装饰素材

38．排版文字后就完成了，如图 8.3.2.35 所示。

图 8.3.2.35　完成文字排版

39．新建一个文档，封面和封底、文档设置同前，填充颜色为#040000。设计封面和封底时要配合画册本身的简单风格，如图 8.3.2.36 所示。

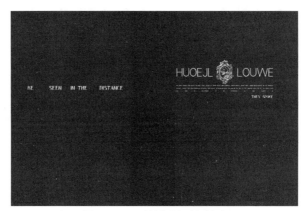

图 8.3.2.36　制作封面和封底

 归纳小结

本节内容主要了解商业画册运用现代软件的排版制作过程，在排版制作这套画册的过程中重点运用了 Photoshop 调色工具和蒙版工具等，同时也掌握了编排画册的的方法和技巧。

知识目标：

（1）熟练掌握 Photoshop 调色的基本原理；

（2）熟练掌握 Photoshop 调色工具的使用技巧；

（3）了解商业画册排版技巧。

能力目标：

（1）能够具备熟练使用 Photoshop 的图像调色工具调整图片素材的能力；

（2）能够具备熟练使用 Photoshop 编排商业画册的能力；

（3）能够具备利用蒙版绘制虚幻效果的能力；

（4）能够具备把控商业整体风格和文字排版的能力。

IT 工作室

根据以上案例和前期构思，以"苏州映像"为主题构思并设计一套房地产公司宣传画册。设计效果可参考图 8.3.2.37。

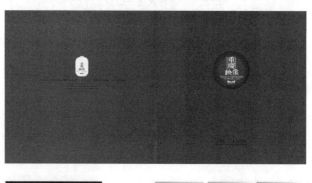

图 8.3.2.37　设计效果

项目总结

本项目主要掌握的知识和技能：

（1）掌握画册版式设计的设计方法；

（2）了解画册版式设计的设计流程；

（3）理解画册版式设计的设计类型；

（4）能够把握画册版式设计的风格搭配；

（5）能够根据不同的使用功能，设计不同的画册版式。

综合实训

规划设计某地文化旅游画册。

要求：

（1）主题明确，风格鲜明，画册层次结构设计合理；

（2）设计感强，配色和谐；

（3）需详细展示旅游项目的各项特点和当地人文文化。